nouveau Micromega

Physique - Chimie

Tle S

Enseignement de spécialité

Sous la direction de

Stanislas Antczak
Lycée Parc Chabrières, Oullins

et

Jean-François Le Maréchal
École normale supérieure de Lyon

Clément Deblieck
Lycée Valentine Labbé, La Madeleine

Rodolphe Dumond
Lycée Paul Langevin, Suresnes

Myrtille Gardet
Lycée Prins Henrik, Copenhague

Damien Glad
Lycée Arbez Carme, Bellignat

Evelyne Murgue
Professeur dans l'Ain

Florian Ozon
Lycée Gustave Eiffel, Dijon

Les auteurs et les éditions Hatier remercient la direction
de l'École normale supérieure de Lyon pour son aimable collaboration.

Hatier

Avant-propos

Le découpage de ce manuel en trois thèmes (*L'eau*, *Son et musique*, *Matériaux*), en neuf chapitres et en mots-clés répond aux attentes du Bulletin officiel de l'Éducation nationale du 13 octobre 2011. La mise en œuvre des compétences exigibles du programme d'enseignement spécifique permet aux élèves de prolonger leur apprentissage dans le cadre des nouvelles connaissances indispensables au traitement des mots-clés.

Chaque mot-clé propose, au sein d'une structure identique, des supports de travaux permettant de placer l'élève en situation de recherche et d'action.

- Une brève **introduction** contextualise le mot-clé et les problématiques associées.
- Des **définitions** initient aux sujets couverts par les mots-clés.
- Un **Point méthode** insiste sur l'acquisition de compétences transversales.
- Des *Activités* EXPÉRIMENTALES et DOCUMENTAIRES constituent le cœur du travail et préparent aux épreuves de baccalauréat.

À la fin de chaque thème, des **TP** et des **EXERCICES DE TYPE BAC**, conformes aux dispositions officielles, constituent des alternatives aux activités expérimentales présentes dans les chapitres et permettent un entraînement à l'approche de l'examen. Ils mettent en jeu les connaissances exigibles de l'enseignement spécifique et explorent largement les nouveaux formats d'évaluation : analyse et synthèse de documents ou résolution de problèmes scientifiques.

Des **FICHES-MÉTHODES** sont destinées à accompagner l'élève toute l'année pour son apprentissage pratique ou théorique.

Ce manuel, dans son ensemble, doit aider l'élève à maîtriser sa démarche scientifique et sa pratique expérimentale dans le but de tester ses goûts et ses compétences scientifiques autour de mots-clés offrant un large éventail de problématiques contemporaines.

Édition : Clémence Mocquet
Maquette : Sophie Duclos
Mise en pages : Nord Compo
Schémas : Domino
Iconographie : Nelly Gras – Magali Girodet (Hatier Illustration) et Pierre Philippon

ISBN 978-2-218-95399-6

Sommaire

Programme

Bulletin officiel spécial numéro 8 du 13 octobre 2011

L'enseignement de spécialité de physique-chimie prépare l'élève à une poursuite d'études scientifiques dans ce domaine en consolidant son choix d'orientation. Il lui permet en effet d'affirmer sa maîtrise de la démarche scientifique ainsi que celle des pratiques expérimentales et lui offre le moyen de tester ses goûts et ses compétences.

En plaçant l'élève en situation de recherche et d'action, cet enseignement lui permet de consolider les compétences associées à une démarche scientifique. L'élève est ainsi amené à développer trois activités essentielles chez un scientifique :

- la pratique expérimentale ;
- l'analyse et la synthèse de documents scientifiques ;
- la résolution de problèmes scientifiques.

Pour cela, le programme de spécialité fait appel à l'étude de trois thèmes, un thème de chimie (l'eau), un thème de physique (son et musique) et un thème (matériaux) qui conjugue des apports de chimie et de physique.

Pour chacun des trois thèmes, le professeur aborde tous les domaines d'étude en développant son enseignement à partir de quelques mots-clés choisis parmi ceux de la colonne de droite du programme.

Ces mots-clés sous-tendent des connaissances nouvelles complétant l'enseignement spécifique. Nécessaires à la compréhension des sujets étudiés, elles ne sont cependant pas exigibles au baccalauréat.

La pratique expérimentale doit être soutenue et diversifiée et favoriser l'initiative des élèves. Pour chaque thème, elle doit prendre en compte leurs centres d'intérêt.

L'analyse et la synthèse de documents scientifiques prolongent les compétences « extraire et exploiter » mises en œuvre dans l'enseignement spécifique. Elles conduisent l'élève à présenter de façon objective et critique, structurée et claire, les éléments qu'il aura extraits et exploités des documents scientifiques mis à sa disposition.

Lors de la démarche de résolution de problèmes scientifiques, l'élève analyse le problème posé pour en comprendre le sens, construit des étapes de résolution et les met en œuvre. Il porte un regard critique sur le résultat, notamment par l'évaluation d'un ordre de grandeur ou par des considérations sur l'homogénéité. Il examine la pertinence des étapes de résolution qu'il a élaborées et les modifie éventuellement en conséquence. Il ne s'agit donc pas pour lui de suivre les étapes de résolution qui seraient imposées par la rédaction d'un exercice, mais d'imaginer lui-même une ou plusieurs pistes pour répondre à la question scientifique posée. C'est sur la façon d'appréhender une question scientifique, sur le choix raisonné de la méthode de résolution et sur les moyens de vérification qu'est centrée la formation de l'élève lors de la démarche de résolution de problème.

Les situations rencontrées par l'élève en cours de formation ainsi qu'au baccalauréat se limiteront aux domaines d'étude des trois thèmes de l'enseignement de spécialité. Le professeur fera largement appel à des situations comportant une dimension expérimentale.

Thème 1 : L'eau

	Domaines d'étude	Mots-clés
Ch. 1	Eau et environnement	Mers, océans ; climat ; traceurs chimiques. Érosion, dissolution, concrétion. Surveillance et lutte physico-chimique contre les pollutions ; pluies acides.
Ch. 2	Eau et ressources	Production d'eau potable ; traitement des eaux. Ressources minérales et organiques dans les océans ; hydrates de gaz.
Ch. 3	Eau et énergie	Piles à combustible. Production de dihydrogène.

Thème 2 : Son et musique

	Domaines d'étude	Mots-clés
Ch. 4	Instruments de musique	Instruments à cordes, à vent et à percussion. Instruments électroniques. Acoustique musicale ; gammes ; harmonies. Traitement du son.
Ch. 5	Émetteurs et récepteurs sonores	Voix ; acoustique physiologique. Microphone ; enceintes acoustiques ; casque audio. Reconnaissance vocale.
Ch. 6	Son et architecture	Auditorium ; salle sourde. Isolation phonique ; acoustique active ; réverbération.

Thème 3 : Matériaux

	Domaines d'étude	Mots-clés
Ch. 7	Cycle de vie	Élaboration, vieillissement, corrosion, protection, recyclage, élimination.
Ch. 8	Structure et propriétés	Conducteurs, supraconducteurs, cristaux liquides. Semi-conducteurs, photovoltaïques. Membranes. Colles et adhésifs. Tensioactifs, émulsions, mousses.
Ch. 9	Nouveaux matériaux	Nanotubes, nanoparticules. Matériaux nanostructurés. Matériaux composites. Céramiques, verres. Matériaux biocompatibles, textiles innovants.

Thème 1

L'eau

Les trois quarts de notre planète sont recouverts d'eau.

L'eau des océans, des mers, des rivières et des glaciers, en couvrant les trois quarts de notre planète, joue un rôle primordial sur le climat et sur notre environnement. Elle constitue une ressource indispensable à l'Homme qui l'utilise dans son alimentation ou comme solvant. Elle est impliquée dans les problèmes d'énergie ou de ressources dont notre civilisation ne peut plus se priver.

CHAPITRES

PHYSIQUE-CHIMIE

Corrigés p. 155

1 a. Tracer la courbe d'étalonnage donnant la conductivité en fonction de la concentration à partir des valeurs suivantes :

c (mol.L^{-1})	0,2.10^{-2}	0,4.10^{-2}	0,6.10^{-2}	0,8.10^{-2}	1,0.10^{-2}	1,2.10^{-2}
σ (S.m^{-1})	0,031	0,061	0,092	0,118	0,152	0,178

b. Déterminer graphiquement la concentration d'une solution dont la conductivité est σ_S = 1,08 mS.cm^{-1}.

2 Quelle est l'énergie d'un photon de longueur d'onde λ = 889 nm ?

A 2,2.10^{-19} J ; B 1,0 J ; C 3,7.10^{9} J.

3 Pour chauffer de 10°C un kilogramme d'eau de capacité calorifique C_m = 4,18 J.g^{-1}.°C^{-1}, il faut fournir :

A 4 J ; B 4.10^{3} J ; C 4.10^{4} J ; D 4.10^{5} J.

4 La puissance d'une bouilloire est de P = 2 000 W. Combien de temps faut-il la faire fonctionner pour qu'elle transfère une énergie de 4.10^{4} J à l'eau qu'elle contient ?

A 20 s ; B 20 min ; C 0,05 s.

5 Déduire de l'écriture des demi-équations des couples I_2/I^- et $S_4O_6^{2-}/S_2O_3^{2-}$, l'équation de la réaction de tirage du diiode par les ions thiosulfate.

6 Représenter le diagramme de prédominance des formes acido-basiques de l'ammoniac de pK_a = 9,3.

7 Déduire du diagramme représentant les pourcentages des formes acide et basique de l'acide éthanoïque le pK_a de ce couple.

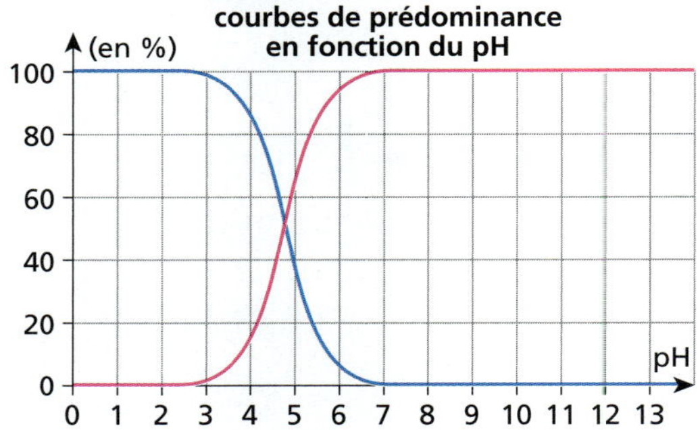

8 Déterminer graphiquement le volume équivalent dans les titrages correspondant aux données ci-dessous.

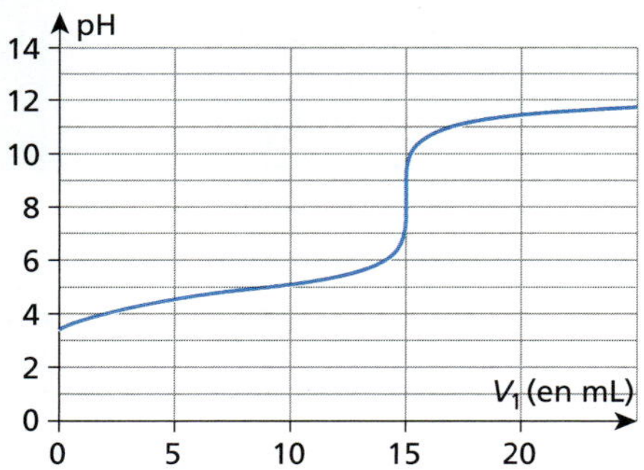

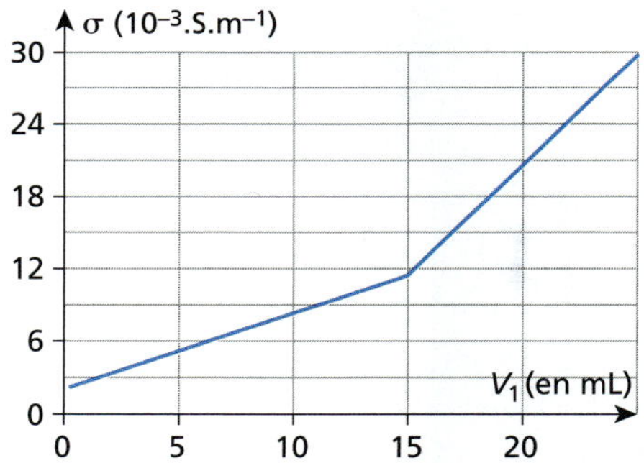

Chapitre 1

Eau et environnement

Sur notre planète, l'eau est présente sous ses trois états : solide, liquide et gazeux.

Mots clés et méthodes associées

- **Mers et océans** ▶ Dosage par conductimétrie.
- **Climat** ▶ Lire un graphique.
- **Traceurs chimiques** ▶ Calculer un facteur de dilution. Choisir de la verrerie pour réaliser une dilution.
- **Érosion, dissolution, concrétion**
- **Surveillance et lutte contre les pollutions – Pluies acides** ▶ Titrage colorimétrique.

Mots clés

MERS ET OCÉANS

▶ **Comment mesurer la salinité des mers et des océans ? D'où viennent les sels qu'ils contiennent ?**

Les mers et les océans constituent de vastes étendues d'eau de différentes salinités recouvrant les deux tiers de la surface du globe. Cette salinité s'est constituée par l'apport des eaux de ruissellement faiblement chargées en ions Na^+, Cl^-, etc. venant compenser le départ d'eau douce par évaporation de l'eau de mer. Si la **salinité** de l'océan ne varie presque plus aujourd'hui grâce à un équilibre entre les apports (ruissellement) et les départs (sédimentation), certaines mers du globe (mer morte) voient leur salinité augmenter par une importante évaporation. Dans le passé, le taux de salinité était mesuré en évaporant de l'eau et en pesant le montant des sels restant. De nos jours, la mesure de la **conductivité électrique** de l'eau a supplanté ce procédé lent et coûteux en énergie.

La salinité est définie par la masse de sels dissous dans un kilogramme d'eau de mer. Elle s'exprime en UPS (unité pratique de salinité). Une unité UPS représente 1 g de sels dissous dans 1 kg d'eau.

La conductivité électrique σ est la capacité d'une solution ionique à conduire l'électricité. La conductivité d'une solution dépend de la nature et de la concentration des ions présents. Elle augmente avec la température.

Point méthode

Dosage par conductimétrie

La conductivité d'une solution se mesure avec un conductimètre. Elle s'exprime en Siemens par mètre ($S.m^{-1}$) et sa valeur est liée à la concentration des ions en solution.

Pour déterminer la concentration d'une solution par dosage conductimétrique, il faut :

- Préparer des solutions de cette espèce ionique à différentes concentrations *c* connues.
- Mesurer leurs conductivités.
- Tracer le graphique des conductivités obtenues en fonction des concentrations. Ce graphique est appelé « courbe d'étalonnage ».
- Tracer la droite moyenne permettant de montrer l'existence d'une relation de proportionnalité entre conductivité et concentration : $\sigma = kc$.
- Mesurer la conductivité σ de la solution de concentration inconnue.
- Reporter la valeur de cette conductivité sur la courbe d'étalonnage pour en déduire la concentration.

Attention ! Cette relation de proportionnalité n'étant valable que pour les solutions de faible concentration (inférieure à 2.10^{-2} $mol.L^{-1}$) il sera souvent nécessaire de diluer la solution de concentration inconnue.

L'étalonnage du conductimètre permet de comparer les mesures faites avec deux appareils différents. Il s'agit, en général, de régler le conductimètre à l'aide d'une solution étalon de conductivité connue, souvent une solution de chlorure de potassium (voir chapitre « Dosages par étalonnage » du manuel d'enseignement spécifique, Microméga T^le S, Hatier, 2012.)

1 Reconstitution de l'eau de mer

OBJECTIF

Préparer une eau de mer artificielle et mesurer sa salinité par conductimétrie.

La salinité de l'eau de mer est due à de nombreux ions **(Fig. 1)**. Dans cette activité nous allons préparer une solution dont la composition est proche de celle de l'eau de mer puis mesurer sa salinité à partir d'un dosage par étalonnage par suivi conductimétrique.

1 Préparation de l'eau de mer

PROTOCOLE

Sels	NaCl	$MgCl_2$	KCl	$CaCl_2$	$MgSO_4$
Concentrations massiques ($g.L^{-1}$)	27,2	2,42	0,39	1,17	3,38

Fig. 1 Composition de l'eau de mer.

- Peser une fiole jaugée de 1 L.
- Peser séparément les différents sels entrant dans la composition de l'eau de mer.
- Les introduire dans la fiole jaugée et les dissoudre dans 0,5 L d'eau distillée.
- Compléter à 1 L avec de l'eau distillée et mélanger par retournement de la fiole.

a Déterminer expérimentalement la masse volumique de cette eau de mer.

b Calculer l'intervalle de confiance sur cette masse volumique en tenant compte des incertitudes : $\Delta\rho/\rho = \Delta m/m + \Delta V/V$.

c Calculer la salinité de cette eau de mer artificielle en $g.L^{-1}$. En déduire la salinité de l'eau en UPS.

2 Mesure de salinité par conductimétrie

Les ions chlorure et les ions sodium représentent plus de 90 % des ions de l'eau de mer. Pour des mesures de conductimétrie, le sel de l'eau de mer peut être simplement modélisé par du chlorure de sodium. Il sera préparé V_0 = 250 mL d'une solution mère S_0 de chlorure de sodium de concentration $c_0 = 5{,}0.10^{-2}$ $mol.L^{-1}$. Les solutions filles du tableau suivant seront également préparées.

Solution fille	Volume à préparer	Concentration voulue ($mol.L^{-1}$)	V_p de S_0 à prélever
S_1	V_1 = 50 mL	$c_1 = 2{,}0.10^{-2}$	
S_2	V_2 = 100 mL	$c_2 = 1{,}0.10^{-2}$	
S_3	V_3 = 100 mL	$c_3 = 0{,}5.10^{-2}$	
S_4	V_4 = 100 mL	$c_4 = 2{,}5.10^{-3}$	

d Calculer la masse *m* de chlorure de sodium à dissoudre pour réaliser la solution mère.

e Compléter le tableau en calculant le volume de solution mère V_P à prélever.

PROTOCOLE

Mesures de conductivités

- Préparer la solution mère ainsi que les 4 solutions filles.
- Mesurer la conductivité des solutions filles en procédant ainsi :
  – Étalonner le conductimètre avant le début de la série de mesures. Rincer l'électrode plusieurs fois avec de petites portions de la solution.
  – Commencer par la solution la plus diluée.
  – Agiter légèrement la solution puis maintenir la sonde immobile. Attendre la stabilisation de l'affichage avant de relever la valeur.
- Tracer la courbe d'étalonnage représentant $\sigma = f(c)$.
- Mesurer la conductivité de l'eau de mer artificielle après l'avoir diluée 100 fois.

f Modéliser la relation entre σ et *c*.

g Déduire de la courbe d'étalonnage la concentration molaire de l'eau de mer artificielle.

h Calculer la salinité *s* de cette eau de mer en $g.L^{-1}$.

i Une hypothèse est vérifiée si l'écart relatif entre la pratique et la théorie est inférieur à 10 %. L'écart relatif en pourcentage se calcule par la relation :

$$\varepsilon = \left| \frac{\text{valeur théorique} - \text{valeur expérimentale}}{\text{valeur théorique}} \right| \times 100$$

Vérifier qu'il est raisonnable de modéliser l'eau de mer par une solution de chlorure de sodium.

Mot clé CLIMAT

▶ Comment les climatologues peuvent-ils étudier les dérèglements climatiques de notre planète ?

Le système climatique de la Terre est complexe mais maintient l'équilibre nécessaire à la vie. Il est alimenté par une unique source d'énergie : le Soleil. La redistribution de cette énergie sous forme d'échanges thermiques, par les courants atmosphériques et océaniques, agit sur les climats. Les climatologues essaient aujourd'hui de cerner les subtilités de ce mécanisme complexe. Par exemple, l'étude de la **solubilité** des **gaz à effet de serre** dans l'océan leur permet d'enrichir leurs connaissances sur les dérèglements climatiques de notre planète qui soulèvent aujourd'hui une réelle inquiétude. Il est donc primordial de comprendre les rouages du système climatique afin d'apporter des réponses à nos questions et de proposer des alternatives innovantes permettant de réduire l'émission de gaz à effet de serre.

DÉFINITIONS

La solubilité d'une espèce chimique est la masse maximale qui peut être dissoute dans un litre de solvant. Elle s'exprime en $g.L^{-1}$ et est notée *s*. Par exemple, la solubilité du chlorure de sodium dans l'eau est de 360 $g.L^{-1}$ à température ambiante.

Les gaz à effet de serre sont présents dans l'atmosphère et ont la capacité d'absorber le rayonnement infrarouge réfléchi par la surface terrestre. Ils maintiennent donc partiellement l'énergie rayonnée par la Terre dans l'atmosphère au lieu de la laisser partir dans le cosmos. Le dioxyde de carbone est le principal gaz à effet de serre.

Point méthode

Lire un graphique

Certains graphiques peuvent faire apparaître des changements d'échelle pour être plus parlants.

Sur le graphique de la **figure 1**, deux échelles de temps différentes sont utilisées. La première partie, graduée en siècle, montre l'évolution des températures estimées sur un millénaire. La seconde, graduée en vingtaine d'années, permet de visualiser l'évolution de la température avec plus de précision.

Il est important de remarquer que l'ordonnée change également. La seconde division montre qu'une moyenne sur une longue durée permet d'obtenir une courbe plus lisse.

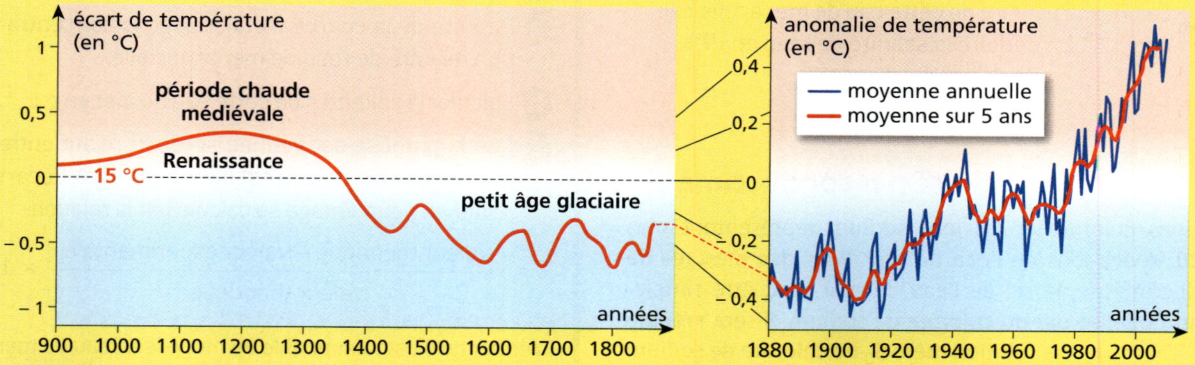

Fig. 1 Évolution de la température depuis l'an 900.

1 Lien entre température atmosphérique et dioxyde de carbone

OBJECTIF

Comprendre les relations entre climat et dioxyde de carbone.

Une des préoccupations climatiques actuelles est le réchauffement global de la Terre. Une hypothèse avancée sur l'origine de ce réchauffement est l'évolution de la quantité de gaz à effet de serre dans l'atmosphère.

DOC 1 *Évolution de la concentration en CO_2 et de la température de l'atmosphère depuis 400 000 ans.*

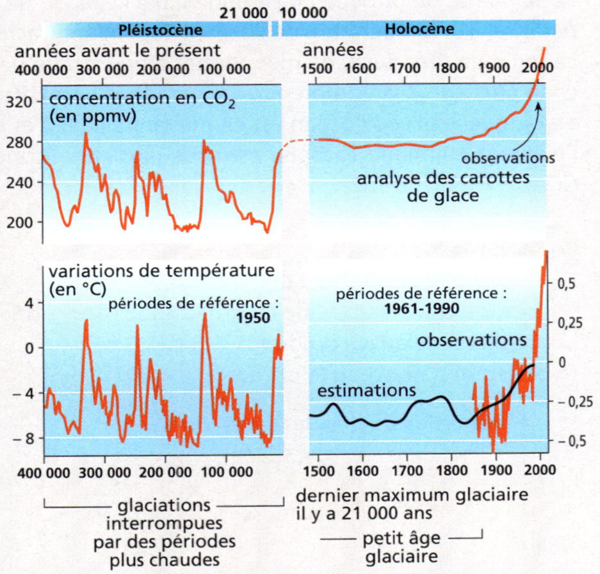

Résultat des analyses des bulles d'air emprisonnées dans les carottes de glace de Vostok en Antarctique et des relevés actuels.
À gauche, les enregistrements permettant une élaboration d'un modèle climatique.
À droite, l'évolution depuis le dernier demi-siècle.
Les concentrations sont exprimées en ppmv (1 ppmv signifie que 10^6 m^3 d'air contient 1 m^3 de dioxyde de carbone. ppmv se lit : parties par million en volume)

a Indiquer les unités utilisées sur chaque abscisse et chaque ordonnée des deux graphiques du **document 1**.

b Justifier à partir de la courbe du **document 1** que la concentration en dioxyde de carbone peut être considérée comme périodique et estimer sa période.

c Prévoir si la Terre est actuellement en phase de refroidissement ou de réchauffement. Justifier.

d À l'aide de la **figure 2**, expliquer pourquoi la concentration en dioxyde de carbone dans les bulles d'air piégées dans les carottes glacières permet de rendre compte de la température atmosphérique.

e Expliquer de quelle manière l'Homme contrecarre le cycle naturel de la planète.

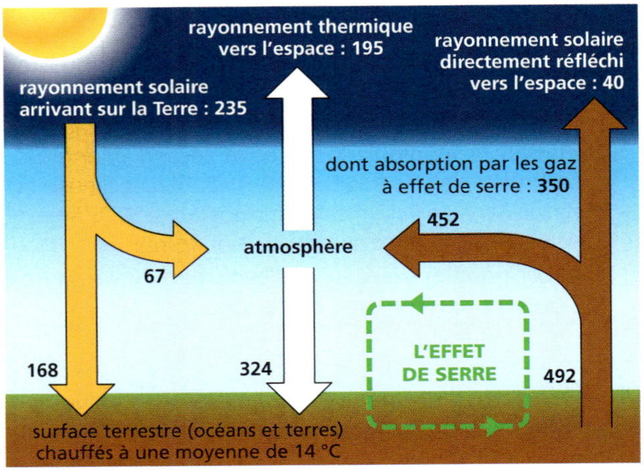

Fig. 2 Principe de l'effet de serre. Tous les transferts sont exprimés en $W.m^{-2}$.

2 Solubilité du CO_2 dans l'eau

OBJECTIF **Établir** l'influence de la température et du pH sur la solubilité du dioxyde de carbone.

Pour réguler la concentration de dioxyde de carbone dans l'atmosphère, l'eau des mers et des océans en absorbe une partie. Afin de pouvoir créer des modèles climatiques, il est nécessaire d'étudier les facteurs influençant cette solubilité.

1 Influence de la température de l'eau

PROTOCOLE

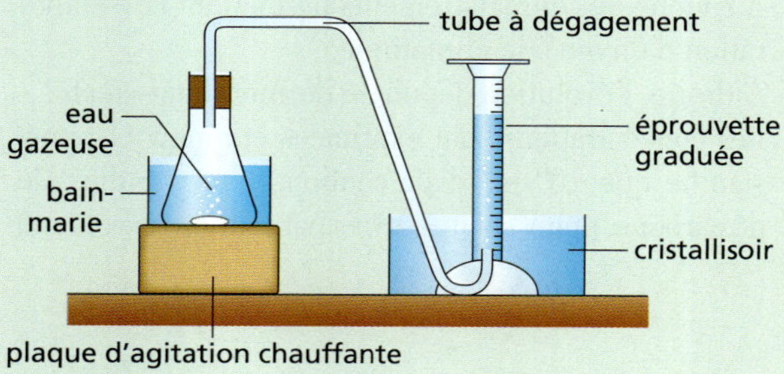

Fig. 3 Montage à réaliser.

- Réaliser le montage de la **figure 3** sans bain-marie.
- Dans deux erlenmeyers, introduire 100 mL d'eau gazeuse et les boucher immédiatement.
- Placer le premier sur le dispositif et mettre sous agitation en déclenchant un chronomètre.
- Relever le volume de gaz récupéré en fonction du temps, jusqu'à la fin du dégagement.
- Conserver l'erlenmeyer avec l'eau dégazée pour une expérience de la deuxième partie de l'activité.
- Remplir à nouveau l'éprouvette graduée d'eau puis relancer la manipulation avec le second erlenmeyer. L'agitation doit être identique mais l'eau gazeuse est placée dans un bain-marie thermostaté à 50 °C. Relever le volume de gaz extrait au cours du temps.
- Tracer, pour les deux suivis, l'évolution du volume de gaz extrait en fonction du temps.

a Déduire des graphiques le volume vers lequel les courbes semblent tendre.

b Calculer la masse de CO_2 extraite dans les deux cas sachant que dans les conditions de l'expérience, 24 L de dioxyde de carbone pèsent 44 g.

c En déduire l'effet de la température sur la solubilité du dioxyde de carbone.

d Prévoir comment devrait varier la quantité de CO_2 dans l'atmosphère si la température des océans augmentait.

2 Influence du pH

La solubilité du dioxyde de carbone dans l'eau est de 2 g par litre, à la température de l'océan. Cependant, l'acidification d'un litre d'eau de mer permet d'en extraire beaucoup plus que 2 g. Comprendre ce paradoxe nécessite de savoir que le pH de l'océan est en moyenne de 8,2 et que l'élément chimique carbone est sous plusieurs formes : $CO_{2(aq)}$, HCO_3^- et CO_3^{2-}.

PROTOCOLE

- Mesurer le pH de l'eau dégazée au pH-mètre.
- Introduire 10 mL d'acide chlorhydrique concentré.
- Observer ce qui se produit.
- Mesurer à nouveau le pH.

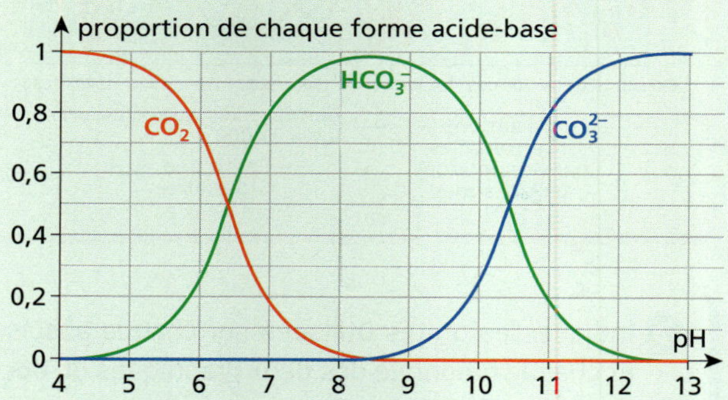

Fig. 4 Diagramme de distribution en fonction du pH.

e Déduire de la **figure 4** les espèces chimiques prédominantes avant et après l'ajout d'acide.

f Expliquer le dégagement gazeux observé lors de l'expérience.

g Expliquer pourquoi l'océan peut absorber beaucoup plus de dioxyde de carbone que sa faible solubilité dans l'eau ne laisse supposer.

h Prévoir comment devrait varier la quantité de CO_2 dans l'atmosphère si le pH de l'océan ne varie pas.

Mot clé TRACEURS CHIMIQUES

▶ Comment suivre le mouvement des eaux de notre planète ?

Pour compléter leurs connaissances sur le climat, les géologues ont besoin de pouvoir suivre les mouvements des eaux sur la planète. Un indicateur permettant de suivre le mouvement d'une masse d'eau est un traceur. Pour les grandes masses d'eau l'usage est d'utiliser des espèces chimiques radioactives naturellement présentes en solution. Pour le mouvement des petits cours d'eau, les géologues utilisent des **traceurs chimiques** qui y sont ajoutés artificiellement.

DÉFINITIONS

Un traceur chimique est une espèce naturellement présente dans un milieu, ou introduite par l'homme, permettant d'étudier les mouvements d'un fluide. Par exemple, la fluorescéine ou la rhodamine sont des traceurs chimiques utilisés pour suivre le trajet de l'eau dans le sol.

Voir Exercices 4 p. 44

Point méthode

Calculer un facteur de dilution

Le facteur de dilution est un nombre, **toujours supérieur à 1**, dont l'utilisation simplifie les calculs de concentration lors de la dilution d'une solution pour obtenir diverses solutions filles. Il relie leur concentration ainsi :

$$c_{\text{mère}} = F \times c_{\text{fille}}$$

Il relie aussi les volumes $V_{\text{mère}}$ de solution prélevée et V_{fille} de solution obtenue grâce à la relation :

$$V_{\text{fille}} = F \times V_{\text{mère}}$$

Choisir de la verrerie pour réaliser une dilution

Pour réaliser une dilution d'un facteur F, il faut chercher si, parmi la verrerie jaugée, il existe des fioles et des pipettes dont le rapport des volumes soit égal à F. Si c'est le cas la solution mère sera prélevée à la pipette et la fille sera préparée dans la fiole.

S'il n'y a pas de tels volumes disponibles, il faut choisir une fiole pour la solution fille et calculer le volume de solution mère à prélever qui sera alors ajouté avec une burette ou une pipette graduée.

Activité expérimentale

1 Traçage d'un cours d'eau à la fluorescéine

OBJECTIF **Comprendre** le phénomène de fluorescence et la notion de limite de détection.

1 Étude de la fluorescéine

La fluorescéine est un traceur chimique utilisé en hydrologie permettant de suivre et d'étudier le tracé d'un cours d'eau **(Fig. 2)**. La lumière qu'elle émet lors du phénomène de fluorescence permet, après amplification, de la repérer même si elle a subi une forte dilution.

De la même manière qu'un atome, une molécule est capable d'absorber un photon (radiation lumineuse) lui permettant ainsi de passer d'un niveau d'énergie fondamental E_0 vers un niveau d'énergie excité E_2.

1 La pile à hydrogène PEMFC

OBJECTIF **Comprendre** le fonctionnement des PAC.

1 Piles à hydrogène

▶ Au laboratoire, une pile à hydrogène peut être construite comme sur la **figure 3**.

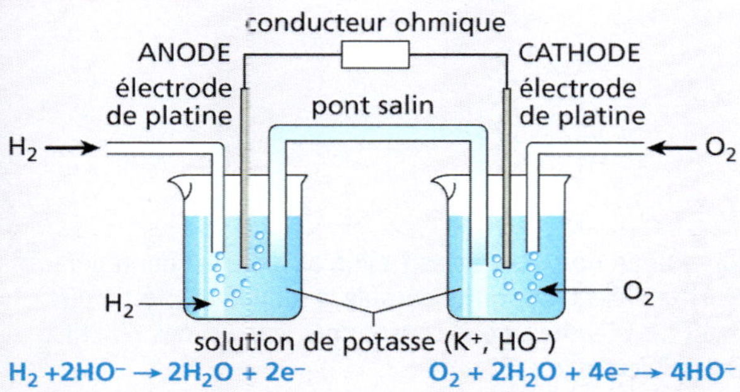

Fig. 3 Principe de fonctionnement d'une PAC.

▶ Les deux piles ci-dessous permettent d'obtenir un meilleur rendement.

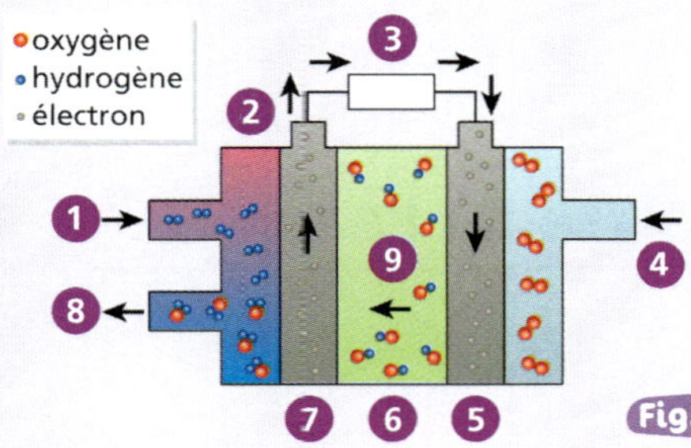

Fig. 4 PAC AFC.

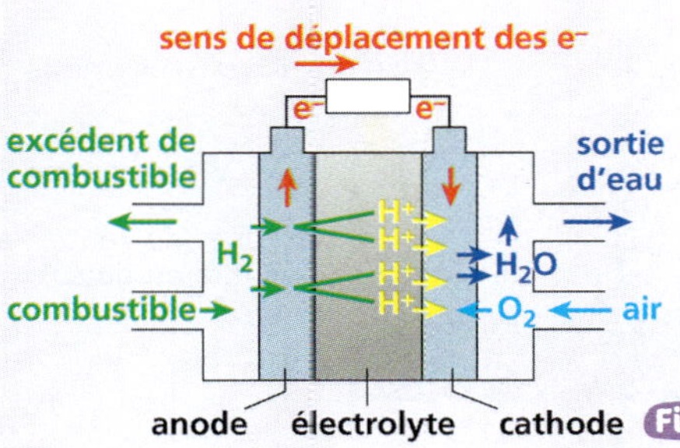

Fig. 5 PAC PEMFC.

a Légender la **figure 4** à l'aide de la **figure 3** en associant les équations chimiques aux électrodes.

b Décrire la principale différence entre les PAC des **figures 4 et 5** à l'aide de la **figure 2**.

c Donner l'équation chimique se déroulant à l'anode de la **figure 5** et la comparer à celle qui se produit à l'électrode 7 de la **figure 4**.

d Montrer que ces deux piles mettent en jeu la réaction de synthèse de l'eau. En déduire l'avantage écologique de la pile à hydrogène pour remplacer les autres carburants.

e Décrire le fonctionnement des piles à combustible AFC et PEMFC. Méthode p. 32

2 Application aux véhicules

La **figure 6** présente les différentes caractéristiques techniques d'un véhicule fonctionnant avec une pile à combustible PEMFC (**Fig. 2** et **Fig. 5**) ainsi que celles d'un véhicule équipé d'un moteur thermique.

Type d'alimentation du moteur	PEMFC	Thermique
Rendement du moteur	50 %	30 %
Taux d'énergie utilisée par les roues	60 %	60 %
Masse de carburant embarqué	3,0 kg	42,5 kg
Capacité calorifique massique du carburant	142 $MJ.kg^{-1}$	44,8 $MJ.kg^{-1}$

Fig. 6 Comparaison des caractéristiques techniques.

En régime de croisière sur une route plate, à une vitesse $v = 110\ km.h^{-1}$, l'énergie dépensée pour faire avancer le véhicule vient simplement de l'énergie perdue par frottement. La puissance à fournir pour compenser les forces de frottement de l'air sur le véhicule est de l'ordre de 12 kW.

f Calculer l'énergie fournie au moteur par le plein de carburant pour les deux alimentations.

g Calculer l'énergie mécanique W_u réellement utilisée à l'aide de la **figure 6**.

h Calculer l'autonomie (distance parcourue à vitesse de croisière) des deux moteurs et comparer les deux motorisations.

Mot clé

PRODUCTION DE DIHYDROGÈNE

Fig. 1 Pile à hydrogène et de production d'hydrogène.

▶ Quelle est la manière la plus « propre » de produire du dihydrogène ?

Le dihydrogène, surtout produit par reformage des hydrocarbures, est utilisé à 62 % pour produire l'ammoniac. C'est aussi **un vecteur d'énergie** prometteur qui nécessite d'être obtenu à des coûts raisonnables et sans générer de pollutions. Localement, des solutions à ce défi existent, comme la centrale hybride de Prenzlau qui utilise l'énergie éolienne pour électrolyser de l'eau.

DÉFINITIONS

Le dihydrogène est un **vecteur d'énergie** et non une ressource énergétique car de l'énergie est nécessaire pour le produire.

Voir Exercices 3 p. 42

Point méthode

Écrire l'équation de la réaction globale d'une électrolyse

Pour trouver l'équation chimique décrivant une électrolyse, il faut :
- Écrire les demi-équations des couples oxydant-réducteur mis en jeu à chaque électrode ;
- Combiner ces deux demi-équations de façon à compenser les électrons.

La cathode de l'électrolyse (reliée au pôle (+) du générateur) est l'électrode où se déroule la réduction, c'est-à-dire là où les électrons sont consommés par un des réactifs. L'autre électrode est l'anode.

Activité expérimentale

1 Production de dihydrogène par électrolyse de l'eau

OBJECTIF

Étudier la production de dihydrogène en laboratoire.

PROTOCOLE

- ▶ Remplir l'électrolyseur d'eau à mi-hauteur et retourner les deux éprouvettes graduées pleines sans introduire de bulles d'air.
- ▶ Ajouter 50 mL d'acide sulfurique à 2 mol.L^{-1}.
- ▶ Fermer l'interrupteur et déclencher un chronomètre.
- ▶ Régler rapidement l'intensité du courant pour avoir un bon dégagement gazeux aux électrodes.
- ▶ Relever la tension et l'intensité du courant tout en maintenant constante cette dernière.
- ▶ Arrêter l'électrolyse lorsque le volume dégagé à une électrode est conséquent et noter sa durée Δt.
- ▶ Noter les volumes dégagés aux électrodes.

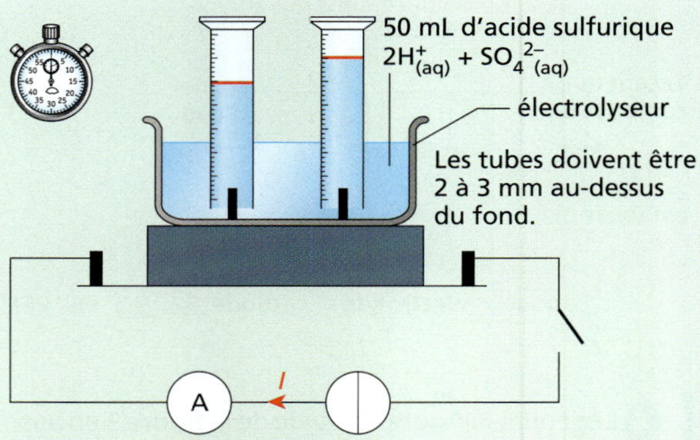

Fig. 2 Schéma de montage.

a Donner les équations aux électrodes sachant que les deux gaz formés à partir de l'eau sont H_2 et O_2.

b Indiquer la polarité des électrodes en correspondance avec le gaz dégagé sur un schéma.

c Écrire l'équation de la réaction chimique globale de l'électrolyse.

d Calculer l'énergie électrique W_1 fournie par le générateur pendant l'expérience.

e Calculer la masse de dihydrogène recueilli sachant que le volume d'une mole de H_2 dans cette expérience est $V_m = 24$ L.

f En déduire l'énergie chimique stockée W_2 sachant que le pouvoir calorifique massique du dihydrogène est $C_m = 141{,}8$ MJ.kg^{-1}.

g Estimer le rendement énergétique R_e de cette électrolyse. Méthode p. 113

h Calculer l'énergie que devraient développer les éoliennes de la centrale de Prenzlau pour remplir en 24 h ses trois réservoirs de 1 350 kg de dihydrogène si les électrolyseurs de la centrale de Prenzlau avaient le même rendement.

Données : $W_e = U\,I\,\Delta t$ (énergie électrique fournie par un générateur).

Activité documentaire

2 Méthode de production de dihydrogène

OBJECTIF **Comparer** les modes actuels de production de dihydrogène.

DOC 1 *Deux méthodes de production du dihydrogène*

Production	Reformage du méthane	Electrolyse
Réaction	$CH_4 + 2H_2O \rightarrow CO_2 + 4H_2$ apport d'énergie thermique	$H_2O \rightarrow H_2 + 1/2\,O_2$ apport d'électricité
Énergie nécessaire	165 kJ.mol^{-1}	285 kJ.mol^{-1}
Prix (au 1er janvier 2012)	Gaz naturel : 0,05 €/kWh	Électricité : 0,08 €/kWh
Rejet en CO_2 lors de la réaction	9,3 t/t de H_2 produit	0 t/t de H_2 produit
Production mondiale	98 %	2 %

Le **document 1** permet de comparer les deux techniques de production du dihydrogène.

a Calculer l'énergie nécessaire à la production de 1,0 kg de dihydrogène pour les deux techniques de production.

b Déterminer le prix de production de 1,0 kg de dihydrogène dans les deux cas.

c Expliquer, en construisant votre argumentation sur divers paramètres (moyen de produire de l'électricité, évolution des ressources terrestre, investissement, impact écologique...), la méthode de production qui semble la plus importante à développer.

Le mode d'emploi de cette épreuve est donné dans la ▶ Fiche méthode p. 153

1 Composition d'un engrais

Contexte du sujet Les ions nitrate sont essentiels en agriculture car ils constituent un apport d'élément chimique azote utilisable par les plantes.
Le but de cette épreuve est de réaliser leur dosage dans un engrais commercial.

Documents

DOC 1 *Protocole de dosage des ions nitrate*

La quantité d'ions nitrate ne peut pas être déterminée par un titrage direct. Pour cette raison, le protocole suivant est utilisé.

Première étape : réaction des ions nitrate NO_3^- avec un excès d'ions fer Fe^{2+}

▶ Préparer 100 mL d'engrais liquide dilué 100 fois.
▶ Mélanger dans un erlenmeyer de 250 mL, $V = 20{,}0$ mL d'engrais dilué avec $V' = 10{,}0$ mL de solution de sel de Mohr de concentration en ions Fe^{2+} apportés $c = 0{,}200\ mol.L^{-1}$.
▶ Ajouter avec précaution 10 mL d'acide sulfurique concentré à l'aide d'une éprouvette graduée.
▶ Adapter un réfrigérant à air sur l'erlenmeyer, porter la solution à ébullition douce durant cinq minutes puis laisser refroidir.
▶ La transformation qui se produit alors est représentée par :

$$3\ Fe^{2+} + NO_3^- + 4\ H^+_{(aq)} \rightarrow 3\ Fe^{3+} + NO + 2\ H_2O$$

Seconde étape : titrage des ions Fe^{2+}

▶ Titrer l'excès d'ions fer(II) avec une solution de permanganate de potassium de concentration $c' = 2{,}00.10^{-2}\ mol.L^{-1}$. Un calcul permet ensuite de déduire la quantité d'ions nitrate initialement présents.

DOC 2 *Couples oxydant-réducteur*

Fe^{3+}/Fe^{2+} NO_3^-/NO MnO_4^-(violet)/Mn^{2+}(incolore)

Travail à réaliser

RÉALISER **a** Mettre en œuvre la première étape du protocole (**Doc. 1**). **15 min**
▶ Appeler le professeur.

ANALYSER **b** Proposer un protocole expérimental permettant le titrage direct des ions fer Fe^{2+} en excès en utilisant les données de la seconde étape du **document 1**. Le protocole sera accompagné d'un schéma de montage et devra expliciter le matériel à utiliser. Faire apparaître l'équation support du titrage et préciser l'observation permettant de repérer l'équivalence. **10 min** ▶ Appeler le professeur

RÉALISER **c** Mettre en œuvre le protocole proposé. **10 min**
▶ Appeler le professeur

VALIDER **d** Déduire des résultats expérimentaux la concentration en ions nitrate de la solution commerciale d'engrais. Commenter le résultat obtenu à partir des données commerciales. Proposer des causes d'erreurs possibles expliquant les éventuels écarts entre votre résultat et l'indication portée sur la bouteille. **25 min** Repère

Repères pour l'évaluation

- Utiliser votre titrage pour déterminer la quantité d'ions Fe^{2+} présent après chauffage.
- Déterminer la quantité d'ions Fe^{2+} ayant réagit avec les ions nitrate.
- En déduire la quantité d'ions nitrate dans l'échantillon d'engrais dilué.
- Conclure en remontant à la concentration en ions nitrate de la solution commerciale.

ÉPREUVE BAC EXPÉRIMENTALE

Le mode d'emploi de cette épreuve est donné dans la ▶ Fiche méthode p. 153

2 Les eaux minérales

Contexte du sujet Les eaux minérales naturelles sont chargées en ions qui dépendent du milieu géologique où elles ont ruisselé. Le but de cette épreuve est de mettre en place un protocole afin de déterminer la structure géologique de la nappe phréatique dont est issue l'eau de Contrex®, réputée pour sa forte concentration en ions calcium (486 mg.L^{-1}).

Documents

DOC 1 Définition d'une eau potable

Une eau est considérée comme potable si la consommation quotidienne de deux litres de cette eau est sans conséquence pour la santé.

DOC 2 Provenance des ions présents dans les eaux minérales

Les eaux minérales présentent une composition qui dépend des sédiments que l'eau traverse avant d'atteindre la nappe phréatique. La structure géologique en amont de la source détermine les ions majoritairement présents dans l'eau captée.
Les ions carbonate CO_3^{2-} se trouvent sous forme d'ions hydrogénocarbonate HCO_3^- vers pH = 7.

Structure géologique	Type d'eau
Sédimentaire avec halite (NaCl)	Sodique chlorée
Sédimentaire avec Gypse ($CaSO_4$,$2H_2O$)	Calcique sulfatée
Sédimentaire avec calcite ($CaCO_3$)	Calcique carbonatée
Cristallin (granite, basalte,...)	Oligominérale
Remontée de CO_2 magmatique par faille	Naturellement gazeuse

DOC 3 Titrages sur des prélèvements de 100 mL d'eau de Contrex®

▶ Les ions chlorure sont titrés par une solution de nitrate d'argent avec un suivi conductimétrique. Du chlorure d'argent (à 0,10 mol.L^{-1}) précipite jusqu'à consommation de tous les ions chlorure.
La concentration limite de chlorure (< 200 mg.L^{-1}) n'est qu'un critère de goût.
▶ Les ions sulfate sont titrés par une solution de chlorure de baryum (à 0,15 mol.L^{-1}) avec suivi conductimétrique. Du sulfate de baryum précipite jusqu'à consommation de tous les ions sulfate.
La concentration limite est de 250 mg.L^{-1} au-dessus de laquelle l'eau provoque des diarrhées.
▶ L'ajout d'acide chlorhydrique de concentration connue (à 0,10 mol.L^{-1}) en présence de vert de bromocrésol permet de déterminer la concentration des ions hydrogénocarbonate par un titrage colorimétrique.
Une eau pétillante présente une forte concentration en ions hydrogénocarbonate.

Travail à réaliser

ANALYSER **a** Élaborer une stratégie pour déterminer le contexte géologique de la source de Contrex. **10 min** Repère 1
▶ Appeler le professeur.

RÉALISER **b** Mettre en œuvre le protocole proposé. **30 min**
▶ Appeler le professeur.

VALIDER **c** Conclure à l'aide des résultats expérimentaux sur le contexte géologique et critiquer votre stratégie. **10 min**

COMMUNIQUER **d** Vérifier les indications portées sur l'étiquette qui vous est présentée et faites-en la critique. **10 min** Repère 2

Repères pour l'évaluation

1. Justifier la stratégie adoptée à partir des informations des divers documents.
2. Proposer, si nécessaire, des informations supplémentaires que vous jugerez utiles sur l'étiquette.

Le mode d'emploi de cette épreuve est donné dans la ▶ Fiche méthode p. 153

3 Potabilité de l'eau et titre alcalimétrique complet

Contexte du sujet Une eau est potable si la consommation quotidienne de deux litres de cette eau est sans conséquence pour la santé. Le but de cette épreuve est de proposer une méthode de dosage du TAC de l'eau et de la comparer au protocole officiellement retenu, tout en vérifiant la potabilité de l'eau étudiée.

Documents

DOC 1 *Titre alcalimétrique complet ou TAC*

Le TAC correspond à la somme des concentrations des ions hydrogénocarbonate HCO_3^- et carbonate CO_3^{2-} d'une eau. Ces espèces chimiques forment avec le dioxyde de carbone dissous CO_2,H_2O le système carbonaté dont le diagramme de prédominance est le suivant :

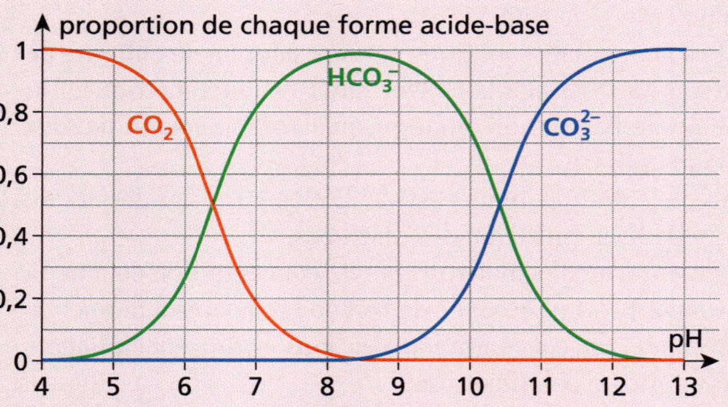

Les couples acido-basique mis en jeu sont :

CO_2,H_2O/ HCO_3^- et HCO_3^-/CO_3^{2-}

Le pH de l'eau d'Évian® se situant autour de 7,5 les ions carbonate ne sont pas présents dans cette eau. Pour connaître son TAC il suffit de réaliser le dosage des ions HCO_3^-.

DOC 2 Matériel et produits

- pH-mètre.
- Bécher haut 100 mL.
- Erlenmeyer.
- Bécher 50 mL.
- Une burette graduée 25 mL.
- Un dispositif d'agitation magnétique.
- Eau d'Évian®.
- Solution d'acide chlorhydrique à c = 0,0200 mol.L^{-1}.

DOC 2 *Définition officielle du titrage alcalimétrique complet*

Le titre alcalimétrique complet (TAC) est défini comme étant le volume d'acide chlorhydrique ($H^+ + Cl^-$) de concentration 0,0200 mol.L^{-1}, exprimé en millilitre, pour titrer 100 mL d'eau en présence de vert de bromocrésol (zone de virage de 3,8 à 5,4).
Une eau potable doit avoir un TAC inférieur à 50.

Travail à réaliser

ANALYSER **a** Élaborer et rédiger le protocole de titrage des ions hydrogénocarbonate dans $V = 50{,}0$ mL d'eau d'Évian®. **15 min** Repère
▶ Appeler le professeur

RÉALISER **b** Mettre en œuvre le protocole ainsi rédigé. **20 min**
▶ Appeler le professeur

VALIDER **c** Comparer la concentration en ions hydrogénocarbonate à l'indication de l'étiquette. Déduire de cette concentration le TAC de l'eau d'Evian® pour savoir si elle est potable. **10 min**

COMMUNIQUER **d** Vérifier graphiquement que l'indicateur coloré du protocole officiel correspond bien au titrage que vous avez élaboré. Comparer les deux méthodes et justifier que le dosage colorimétrique soit le dosage officiellement retenu. **15 min**

Repères pour l'évaluation

Il est attendu : une utilisation correcte du vocabulaire, un schéma du montage de titrage et l'écriture de l'équation support de la réaction de titrage. Le tracé d'un graphique est attendu.

Le mode d'emploi de cette épreuve est donné dans la ▶ Fiche méthode p. 153

4 Dosage des ions chlorure dans une eau

Contexte du sujet Afin de débarrasser l'eau de consommation d'éventuels microorganismes, un traitement à l'eau de Javel® est réalisé avant distribution. Toutefois, cette méthode entraîne une augmentation de la concentration en ions chlorure qu'il est nécessaire de surveiller. Le but de ce TP est de vérifier la validité d'une méthode de titrage à partir d'une solution étalon de chlorure de sodium.

Documents

DOC 1 *Une transformation chimique utile*

Les ions chlorure réagissent avec les ions argent selon une réaction de précipitation :

$$Cl^-_{(aq)} + Ag^+_{(aq)} \rightarrow AgCl_{(s)}$$

Lors de l'ajout de nitrate d'argent ($Ag^+ + NO_3^-$) dans l'eau, la présence de nouveaux ions et l'apparition du précipité vont influencer la conductivité de la solution. Les ions nitrate et les ions argent conduisent le courant légèrement moins que les ions chlorure.

DOC 2 Matériel

- Burette graduée de 25 mL.
- Bécher.
- Conductimètre.
- Plaque d'agitation magnétique.
- Tableur grapheur.
- Éprouvette graduée de 100 mL ($\Delta V = 0,1$ mL).
- Solution de chlorure de sodium de concentration $c_1 = (1,5 \pm 0,1).10^{-2}$ mol.L^{-1}.
- Solution de nitrate d'argent de concentration $c_2 = (1,0 \pm 0,1).10^{-1}$ mol.L^{-1}.
- Eau distillée.

Travail à réaliser

ANALYSER **a** Rédiger le protocole du titrage précis de $V = 100$ mL de solution de chlorure de sodium, en indiquant toutes les opérations à effectuer, pour valider la méthode de titrage des ions chlorure. Vous prévoirez également l'exploitation des résultats qui permettent la validation. **20 min** Repère 1

▶ Appeler le professeur

RÉALISER **b** Mettre en œuvre le protocole ainsi rédigé. **20 min**

▶ Appeler le professeur

VALIDER **c** Déduire des mesures la concentration expérimentale en ions chlorure de la solution salée. Établir l'incertitude sur cette mesure et conclure quant au protocole élaboré sachant que l'incertitude sur la concentration en chlorure Δc_1 est liée à d'autres incertitudes par la relation ci-dessous. **15 min** Repère 2

$$\frac{\Delta c_1}{c_1} = \frac{\Delta c_2}{c_2} + \frac{\Delta V_{eq}}{V_{eq}} + \frac{\Delta V}{V}$$

Repères pour l'évaluation

1. L'élaboration du protocole reposera sur une étude précise des variations de la conductivité lors d'un ajout de nitrate d'argent dans une solution d'ions chlorure. La rédaction devra contenir un schéma du montage de titrage et utiliser le vocabulaire adéquat.
2. L'exploitation d'un graphique est attendue pour calculer la concentration. L'incertitude de la lecture graphique est laissée à l'appréciation du candidat. L'écriture du résultat assortie de son incertitude doit être soignée.

Résolution de problème

1 Concrétions

Mots clés Érosion • Dissolution • Concrétion

Les concrétions résultent de la réunion de différents corps qui, ensemble, se solidifient. C'est le cas de formations calcaires sur les coques des bateaux ou des stalactites dans les grottes.

Le calcaire composant les stalactites n'est pas toujours pur. Certaines impuretés sont détectables à l'œil nu car elles donnent une couleur aux concrétions mais ce n'est pas toujours le cas.

DOC 1 *Test des roches calcaires*

Le carbonate de calcium, comme les autres carbonates, réagit avec les acides suivant la réaction d'équation :

$CaCO_{3(s)} + 2\,H^+_{(aq)} \rightarrow Ca^{2+}_{(aq)} + CO_{2(g)} + H_2O_{(\ell)}$.

Cette réaction est utilisée pour caractériser les roches calcaires, le test est positif quand il apparaît une effervescence sur la roche au contact de quelques gouttes d'acide chlorhydrique.

DOC 2 *Volumétrie gazeuse*

Pour déterminer la quantité de matière d'un gaz qui se forme lors d'une réaction, le mode opératoire suivant est approprié. La réaction est réalisée dans un flacon qui possède une ouverture conduisant à l'eau d'une cuve à eau **(Fig. 1)**. Le gaz formé déplace l'air du flacon qui, à son tour, déplace l'eau de l'éprouvette graduée. Même si le gaz récupéré n'est pas le gaz produit, le volume de gaz récupéré dans l'éprouvette est exactement celui produit dans le flacon. Dans les conditions de l'expérience, une mole de gaz occupe 24,0 L.

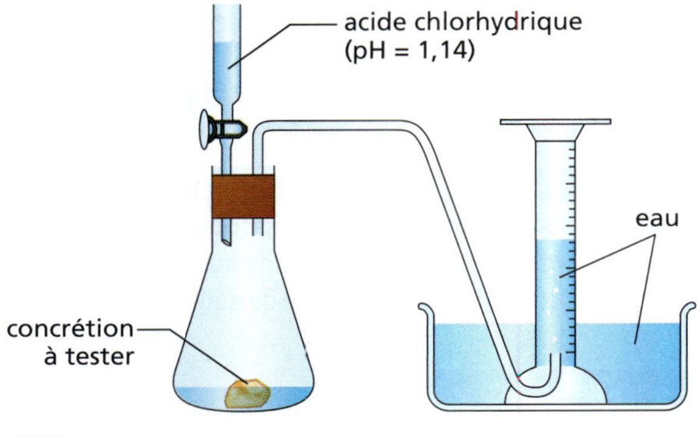

Fig. 1 Volumétrie gazeuse.

DOC 3 *Diagramme de prédominance*

Le dioxyde de carbone est un gaz de formule $CO_{2(g)}$. Il est faiblement soluble dans l'eau. L'espèce solvatée est notée $CO_{2(aq)}$ ou $H_2CO_{3(aq)}$. Cette dernière forme fait apparaître que c'est un acide au sens de Brønsted dont la base conjuguée est $HCO_3^-{}_{(aq)}$. Cet ion appelé hydrogénocarbonate est lui-même un acide de Brønsted dont la base conjuguée est l'ion carbonate $CO_3^{2-}{}_{(aq)}$. Cet ion est présent dans le carbonate de calcium, donc également dans le calcaire. Ces espèces chimiques sont plus ou moins abondantes en fonction du pH, ce qui se traduit par le diagramme de prédominance suivant :

$CO_{2(aq)}$ ou $H_2CO_{3(aq)}$	6,37	$HCO_3^-{}_{(aq)}$	10,32	$CO_3^{2-}{}_{(aq)}$ / $CaCO_{3(s)}$	pH

Ce diagramme se lit de la façon habituelle pour les espèces solvatées ; en revanche, pour $CaCO_{3(s)}$, il faut lire que cette espèce n'existe que si elle est dans de l'eau à pH supérieur à 10,32.

DOC 4 *Matériel mis à disposition*

- Erlenmeyers de 100 mL, 250 mL et 500 mL.
- Entonnoir de coulée.
- Cristallisoir.
- Balances à 0,1 g ou à 0,01 g de précision.
- Éprouvettes graduées de 100 mL, 250 mL et 500 mL.
- Tube à dégagement.
- Bouchon deux trous.
- Spatule.
- Coupelle.

Question

Élaborer un protocole expérimental susceptible de vérifier qu'un échantillon de concrétion d'environ 1 g est constitué seulement de carbonate de calcium. Si cet échantillon n'est pas pur et contient d'autres corps, comme du sable ou de l'argile, cela se verra à l'analyse chimique.

Pour cela, il faut trouver le volume minimal de la solution d'acide chlorhydrique de pH 1,14 mentionnée dans le **document 2** qu'il faut ajouter à 1,00 g de carbonate de calcium pour le détruire complètement. Puis montrer que le volume de $CO_{2(g)}$ récupéré permet de conclure quant à la pureté de l'échantillon.

Données :

Masse molaire du carbonate de calcium $CaCO_3$:
$M = 100,1$ g.mol^{-1}.

RÉSOLU

2 Comparaison de deux méthodes de titrage de l'ozone

Mots clés Surveillance et lutte contre les pollutions

Le 26 juin 2011, une alerte pollution par l'ozone a été déclenchée à Lyon (concentration supérieure à 180 µg·m^{-3}). Deux mesures différentes ont été mises en œuvre : une méthode chimique (méthode de Schönbein) et une méthode spectroscopique. Les documents qui suivent permettent de reconstituer les deux démarches d'analyse.

DOC 1 *Titrage de l'ozone par la méthode de Schönbein*

Cette méthode exploite la propriété oxydante de l'ozone O_3 appartenant au couple : O_3/O_2.
L'objectif étant de le faire réagir avec des ions iodure contenus dans l'iodure de potassium ($K^+ + I^-$). Dans ces conditions, le couple mis en jeu est I_2/I^-.
Enfin, l'utilisation d'amidon permettra de mettre en évidence la quantité de diiode produit par une coloration bleu-violette.
Pour mettre en œuvre cette méthode de titrage, un papier dit iodo-amidonné est préparé. Il s'agit d'un papier sur lequel est déposée une fine pellicule de gel contenant de l'amidon et de l'iodure de potassium.
Le papier de Schönbein est alors plongé dans l'eau distillée puis exposé à l'air à analyser pendant huit heures. Après avoir de nouveau plongé le papier dans l'eau distillée, la coloration de celui-ci est alors comparée à l'échelle des couleurs de Schönbein **(Fig. 1)**. Il en résulte un indice compris entre 1 et 10 :

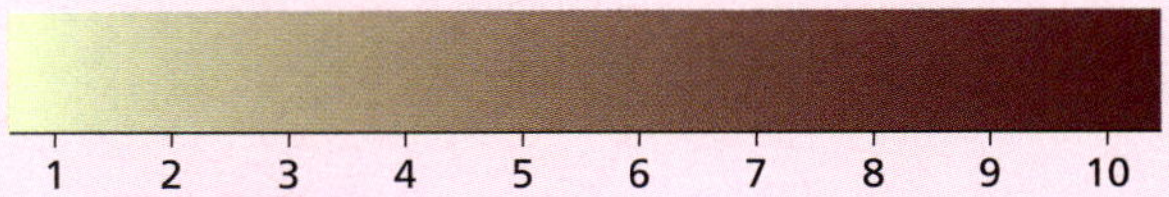

Fig. 1 Échelle des couleurs de Schönbein.

Enfin, cet indice doit être reporté sur le graphique de la **figure 2** en tenant compte de l'hygrométrie relative de l'air analysé.

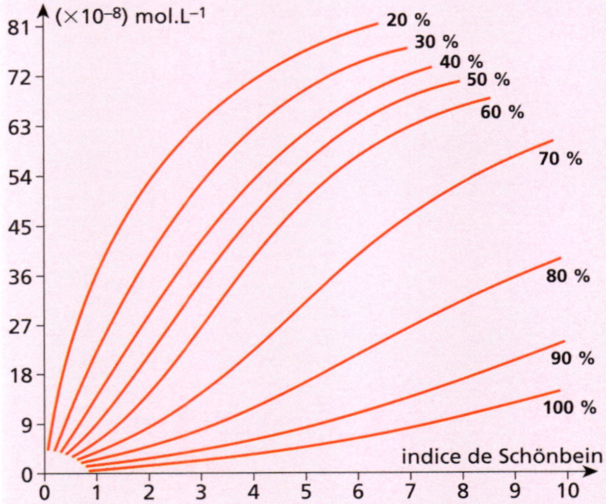

Fig. 2 Concentration en ozone en fonction de l'échelle de Schönbein pour différents taux d'hygrométrie.

Résultat du 26.06.2011 :
La mesure de la concentration en ozone par la méthode de Schönbein est mise en place à 12 h et lue à 20 h.
L'humidité relative de la journée est de 20 % et la révélation de l'absorption de huit heures de gaz d'ozone fournit la couleur donnée ci-contre.

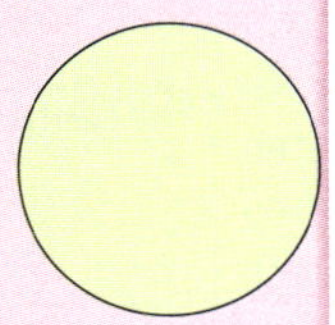

DOC 2 *Titrage de l'ozone par la méthode spectrophotométrique*

La molécule d'ozone absorbe les longueurs d'onde du domaine UV **(Fig. 3)**.

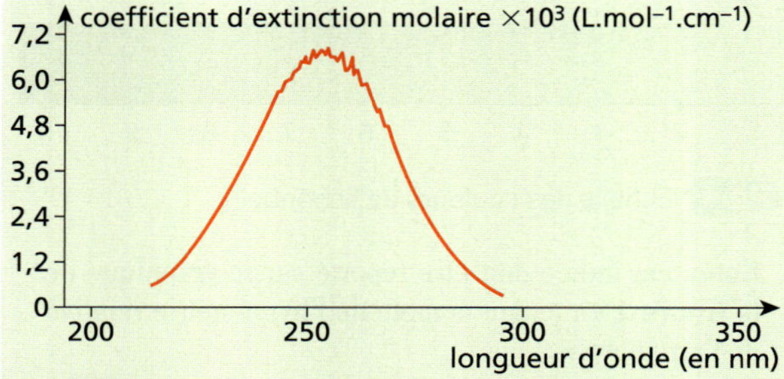

Fig. 3 Spectre d'absorption de l'ozone à température ambiante dans la plage de longueur d'onde UV [200-300 nm].

Le spectromètre utilisé, dont la cellule est de longueur $L = 73{,}05$ cm, a une limite de détection d'absorbance de 2.10^{-5} **(Fig. 4).**

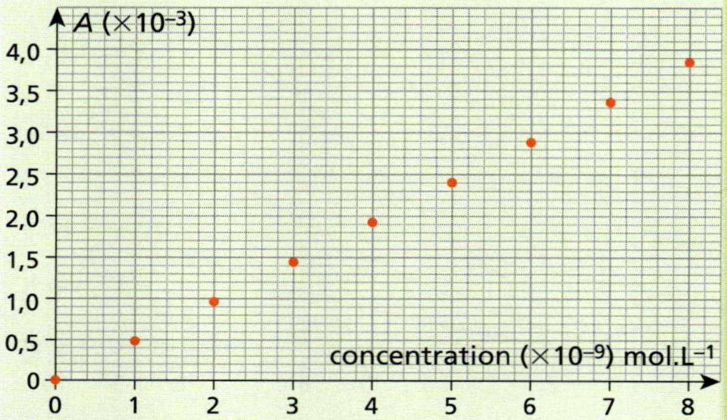

Fig. 4 Étalonnage du spectromètre : $A = f([O_3])$.

Résultat du 26.06.2011 :

Le 26 juin 2011, un analyseur UV enregistre les concentrations horaires moyennes en ozone dont les résultats sont donnés en **figure 5**.

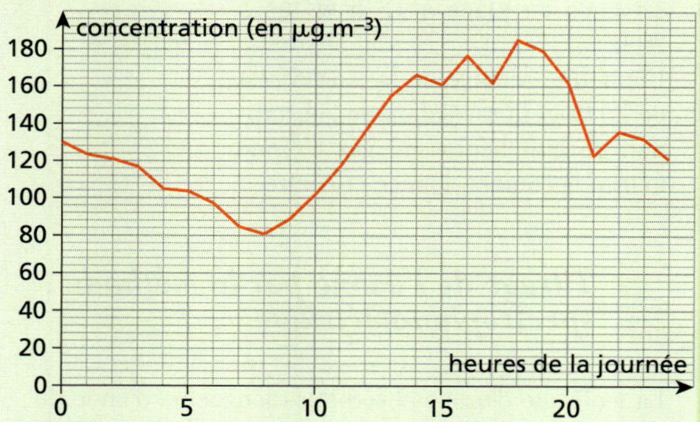

Fig. 5 Variation de la concentration de l'ozone le 26 juin sur les côteaux Lyonnais.

La moyenne des mesures entre 12 h et 20 h donne : $A = (1{,}65 \pm 0{,}02).10^{-3}$.

Question

Après avoir reconstitué les deux méthodes d'analyse, déterminer la concentration en ozone dans l'air par les deux méthodes et comparer les deux protocoles du point de vue de leur précision, de leur rapidité de mise en œuvre, et de tout autre point de vue que vous jugerez utile.

3 Production de dihydrogène au laboratoire

Mots clés Production de dihydrogène

Pour réaliser des expériences, un professeur de sciences physiques a besoin de fabriquer rapidement du dihydrogène. Pour cela, il souhaite utiliser une réaction chimique entre le zinc solide et l'acide sulfurique.

DOC 1 *Quelques données*

Masse molaire atomique du zinc : $M(Zn) = 65{,}4$ g.mol⁻¹.
La pression p d'un gaz, ou d'un mélange de gaz, en pascals, son volume V en mètres cube, sa quantité de matière totale n_{tot} en moles et sa température T en kelvins sont reliés par la relation $pV = n_{tot}RT$ où R vaut 8,314 J.mol⁻¹. K⁻¹. Une conséquence de cette relation est qu'une mole de dihydrogène occupe 24 L à 20 °C.
Couple oxydant/réducteur : $Zn^{2+}_{(aq)}/Zn_{(s)}$; $H_3O^+_{(aq)}/H_{2(g)}$.

DOC 2 *Réaction d'un acide avec le zinc*

La réaction d'un acide avec le zinc peut s'étudier avec l'expérience schématisée sur la figure suivante.

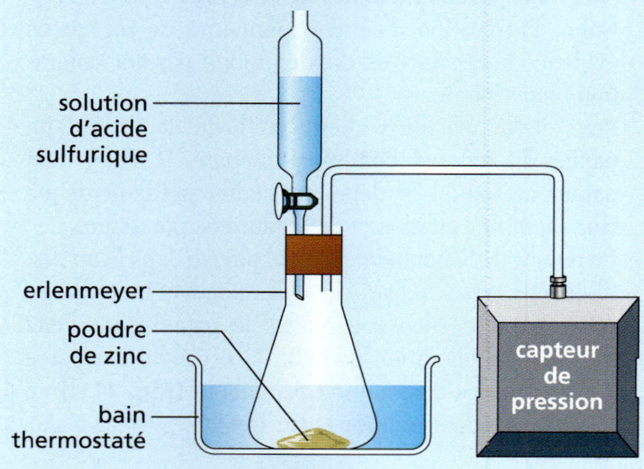

À la date $t = 0$ s, 75,0 mL d'une solution d'acide sulfurique de concentration en ions H_3O^+ $c = 0,40$ mol.L^{-1} sont ajoutés à 54,5 mg de poudre de zinc.
La pression initiale dans l'erlenmeyer à la fin de cet ajout est $p_i = 1020$ hPa, le volume et la température du gaz sont constants pendant l'expérience. Ce volume est $V_g = 25$ mL.
La quantité de matière $n(H_2)$ de dihydrogène formé crée une surpression qui s'additionne à la pression initiale.
La pression, mesurée à différentes dates par le capteur de pression, est reportée dans le tableau suivant :

t (min)	p (hPa)
0	1020
1,00	1034
5,00	1036
9,00	1135
11,0	1158
15,0	1203
20,0	1254
25,0	1301
30,0	1345
35,0	1385
45,0	1456
60,0	1542

t (min)	p (hPa)
70,0	1589
80,0	1628
90,0	1662
110	1714
140	1766
160	1782
190	1811
240	1831
300	1840
400	1845
500	1846
600	1846

DOC 3

Évolution de la pression

L'expérience précédente est renouvelée trois fois, à chaque fois en mélangeant 50 g de zinc avec 75 mL d'acide sulfurique à 20°C. Dans l'expérience 1, l'acide a une concentration $c_1 = 0,25$ mol.L^{-1}, dans l'expérience 2, $c_2 = 0,40$ mol.L^{-1} et dans l'expérience 3, $c_3 = 0,50$ mol.L^{-1}. L'évolution de la pression lors de ces expériences est reportée dans la **figure 1**.

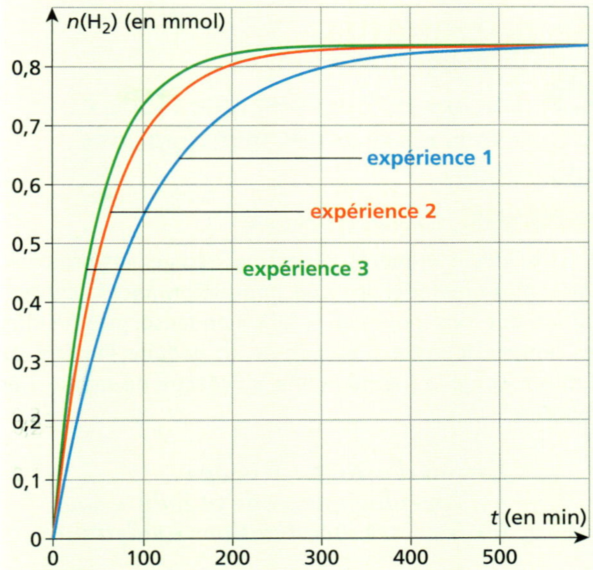

Fig. 1 Évolution de la pression en fonction du temps pour trois concentrations en acide.

DOC 4

Lame de zinc décapée

Dans une nouvelle série d'expériences, les différents paramètres sont les mêmes (solution faiblement acide, même masse de zinc, température 20°C), mais le zinc est une lame décapée dans l'expérience 4 et une lame recouverte de carbonate de zinc dans l'expérience 5. Le zinc est attaqué en plusieurs jours dans l'expérience 4 et n'est pas attaqué dans l'expérience 5.

Question

Tracer le graphe donnant la quantité de matière de dihydrogène $n(H_2)$ formé en fonction du temps pour l'expérience 1. Puis, décrire, en le justifiant à l'aide des documents fournis, le protocole que le professeur doit mettre en place afin d'obtenir le plus rapidement possible le volume $V = 20$ mL de dihydrogène. Proposer une amélioration possible pour diminuer la durée de la réaction chimique.

Analyse et synthèse de documents

4 Traçage hydrogéologique : iode et iodure sous les feux des investigations analytiques

Mots clés Traceurs chimiques

À partir des documents ci-dessous, rédiger un protocole utilisant du matériel de lycée, pour déterminer la concentration des ions iodure en solution aqueuse, puis justifier les limites de votre méthode et en déduire l'intérêt de l'utilisation de la méthode dite au spectre de masse, très coûteuse.

DOC 1 *Extrait d'article : Traçage hydrogéologique, iode et iodure sous les feux des investigations analytiques*

La gestion des ressources en eaux et l'évaluation de leur vulnérabilité est une préoccupation majeure pour la protection des consommateurs. Dans le cas des eaux souterraines, il est nécessaire pour en connaître les cheminements et les vitesses d'écoulement, d'introduire un traceur chimique dans l'aquifère et de suivre l'évolution de sa concentration en différents points et à différents temps de prélèvement. Parmi les traceurs les plus utilisés, l'ion iodure présente de nombreux avantages liés à sa non-toxicité, à son inertie vis-à-vis des sols traversés et à son absence de coloration.

D'après le site de SGS (Société générale de surveillance).

DOC 2 *Information sur les ions iodure dans l'eau*

Un goût désagréable est perceptible au-delà de 0,5 mg.L^{-1}.

L'ion iodure comme traceur chimique doit donc pouvoir être utilisé pour des concentrations inférieures à cette limite.

Dans les laboratoires l'analyse est réalisée par la méthode au spectre de masse, très coûteuse, permettant de travailler avec des concentrations de l'ordre de 1 ng.L^{-1}.

DOC 3 *Analyse scientifique de la photo de l'article*

Dans l'article du **document 1**, il est mentionné que les ions iodure sont incolores alors que sur la photo, la solution a une coloration brune orangée. Cette couleur est en réalité celle du diiode. En effet, les ions iodure (appartenant au couple I_2/I^-) réagissent avec l'eau oxygénée (du couple H_2O_2/H_2O) pour former du diiode.

La réaction des ions iodure avec l'eau oxygénée produit du diiode de couleur brune dans l'eau.

Cette transformation chimique n'est pas instantanée comme le montre la **figure 1**.

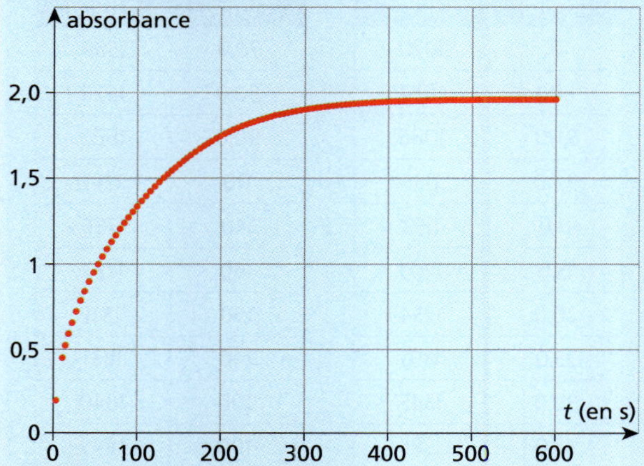

Fig. 1 Cinétique de la réaction entre l'eau oxygénée et les ions iodure.

DOC 4 *Spectre d'absorption du diiode*

Le maximum d'absorption, à 350 nm, correspond à un coefficient d'absorption molaire $\varepsilon = 2{,}50.10^5$ L.mol^{-1}.cm^{-1}.

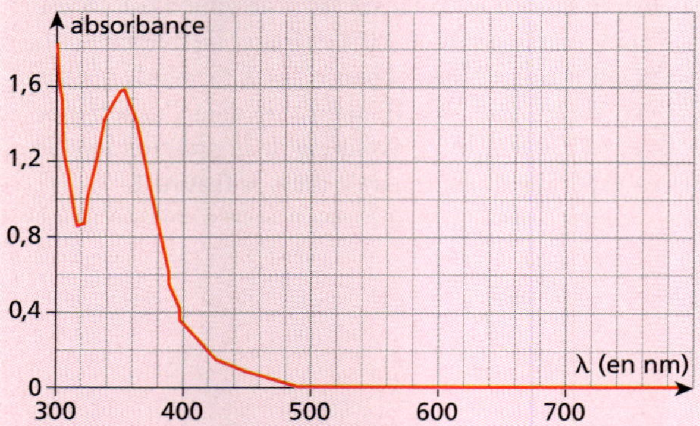

En réalisant quelques mesures, les résultats suivants sont obtenus :

$[I_2]$ µmol.L^{-1}	1,0	2,0	3,0	4,0	5,0
A	0,323	0,650	0,976	1,281	1,642

DOC 5

Fiche technique d'un spectrophotomètre de lycée

Longueur de la cuve	13 mm
Gamme des absorbances	De 0 à 2
Absorbance limite détectable	0,005
Gamme de longueur d'onde	200 à 800 nm

RÉSOLU

5 Pollution au plomb dans l'eau de distribution

Mots clés Production d'eau potable • Traitement des eaux

Le plomb est un métal qui a été utilisée pour fabriquer des canalisations domestiques, d'où le nom de plomberie. Son usage est à présent interdit suite à la découverte de sa toxicité. Une concentration trop importante de plomb dans le sang provoque en effet le saturnisme, une maladie qui affecte de nombreux organes dont le cerveau.

Aux propriétaires d'installation en plomb encore en service, il est recommandé :

• d'utiliser préférentiellement l'eau froide du robinet pour faire cuire les aliments ;

• et de laisser couler un peu l'eau, le matin, avant de la consommer.

Rédiger un texte de synthèse faisant apparaître la démarche scientifique qui a amené à réaliser ces expériences pour mettre en évidence la différence de pollution de l'eau au plomb suivant les conditions de température. Pour chaque hypothèse d'étude vous devez rédiger un protocole permettant d'obtenir les courbes du **document 3**. Dans un premier temps vous justifierez l'allure des courbes à l'aide de la relation générale entre la conductivité d'une solution et sa composition. Dans un deuxième temps, vous déduirez de l'allure des courbes la concentration en ions plomb pour chaque solution. Enfin vous conclurez sur la pertinence des conseils ci-dessus.

DOC 1

Préparation des solutions S_F et S_C mises à disposition

L'expérience permet de simuler de l'eau stagnante dans les canalisations reliées à un chauffe-eau.

- Introduire dans deux erlenmeyers 500 mL d'eau distillée
- Ajouter 1 g de plomb métallique dans chaque erlenmeyer.
- Boucher les deux récipients et les conserver quinze jours en plaçant l'erlenmeyer Sc au bain-marie à $T = 50°C$ et en conservant S_F à température ambiante.

DOC 2

Principe du dosage

Le dosage est basé sur la réaction support de titrage suivante :

$Pb^{2+}_{(aq)} + C_2O_4^{2-}{}_{(aq)} \rightarrow PbC_2O_{4(s)}$

Les ions oxalate $C_2O_4^{2-}{}_{(aq)}$ sont apportés par une solution d'oxalate de sodium ($2\ Na^+_{(aq)} + C_2O_4^{2-}{}_{(aq)}$) de concentration $c = 2{,}5.10^{-4}$ mol.L^{-1}.

Conductivités ioniques molaires (en mS.m^2.mol^{-1}) :
$\lambda(Na^+) = 5{,}01$; $\lambda(C_2O_4^{2-}) = 14{,}84$; $\lambda(Pb^{2+}) = 13{,}89$.

DOC 3

Suivi conductimétrique obtenu : conductivité (en µS.cm^{-1}) en fonction du volume (en mL)

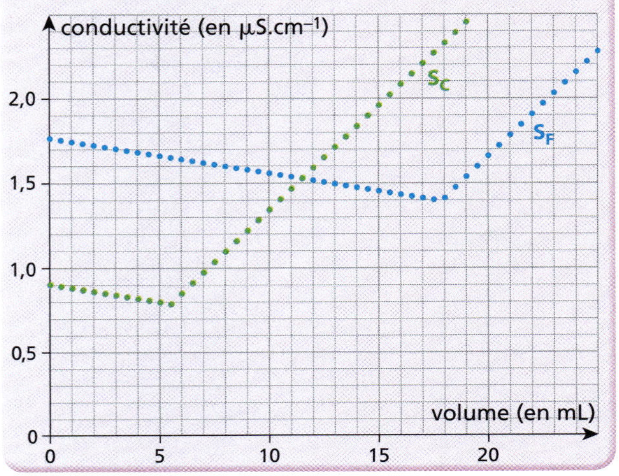

6 L'océan, source de matière organique

Mots clés Ressources organiques dans les océans

Le squalène est un hydrocarbure abondamment présent dans l'huile de foie de requin. Il est prisé pour la fabrication d'adjuvents de vaccins. Par ailleurs, c'est un intermédiaire dans la biosynthèse des stéroïdes comme le lanostérol. L'un comme l'autre sont constitués d'un fragment appelé fragment *isoprène* de formule $-CH_2-CH=C(CH_3)-CH_2-$.

Rédiger un texte de synthèse qui compare la stéréochimie du squalène et du lanostérol (diastéréoisomère, énantiomère, atome de carbone asymétrique). Prévoir quelles différences les spectres RMN et IR de ces deux composés devraient présenter.

DOC 1 Squalène

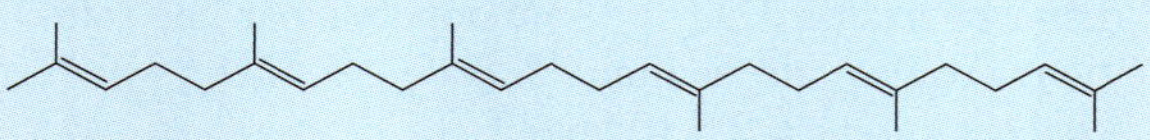

DOC 2 Synthèse du lanostérol

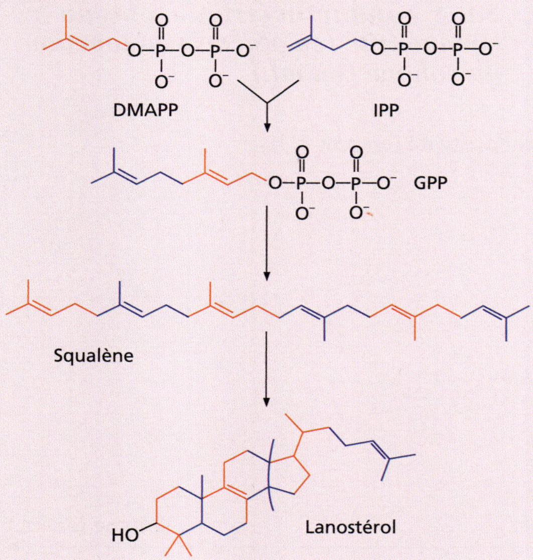

DOC 3 Table IR

Fonction	Bandes caractéristiques (cm^{-1})
alcane	C_{ane}-H : 2 800-3 000
alcène	C=C : 1 625-1 685 $C_{ène}$-H : 3 000-3 100
alcool	O-H alcool libre : 3 580-3 670 O-H alcool lié : 3 200-3 400
aldéhyde	C_{ald}-H : 2 700-2 900 C=O : 1 650-1 730
acide carboxylique	O-H : 3 200-3 400 C=O : 1 680-1 710

DOC 4 Table RMN

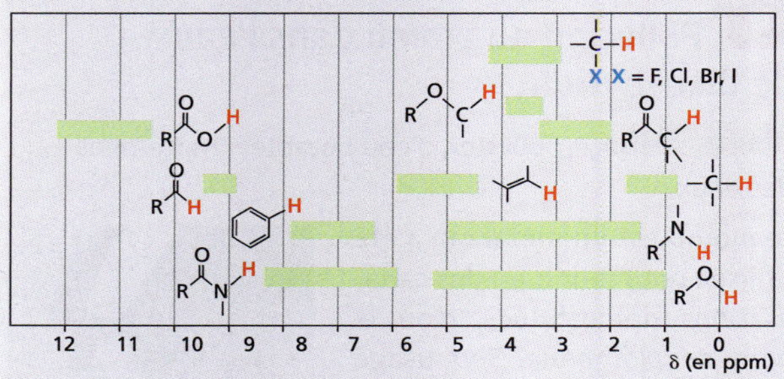

7 Pile à combustible

Mots clés Piles à combustible

La pile à combustible permet déjà nombre d'utilisations non polluantes de l'électricité car elle est alimentée en dihydrogène et en air.

À l'anode, la réaction qui se déroule est :

$H_2 \rightarrow 2\ H^+ + 2\ e^-$.

À la cathode, la réaction qui se déroule est :

$O_2 + 4\ H^+ + 4\ e^- \rightarrow 2\ H_2O$.

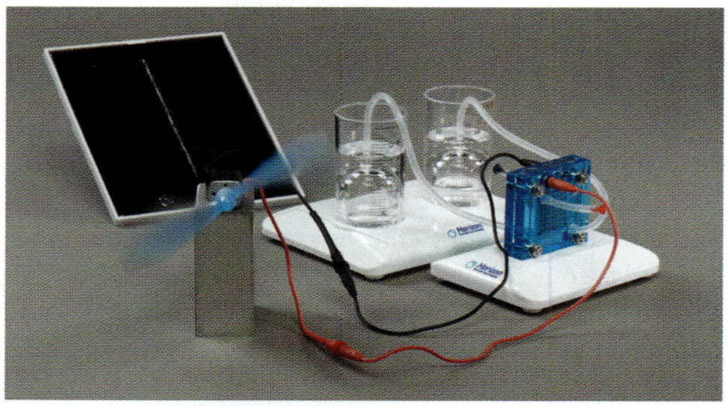

Fig. 1 Pile à hydrogène et de production d'hydrogène.

Rédiger un texte de synthèse expliquant comment du courant peut circuler dans le moteur M **(Doc. 2)**. Cette explication fera apparaître que, lors de son fonctionnement, le pH de l'électrolyte n'est pas le même près de l'anode, au cœur de l'électrolyte et près de la cathode. Décrire les protocoles d'une série d'expériences qui permettent de le montrer.

DOC 1 *Matériel et produits à disposition*

- Solution d'hydroxyde de sodium de concentration $c = 0{,}100$ mol.L^{-1}.
- Indicateur de fin de réaction acido-basique.
- Eau distillée.
- Fioles jaugées de 50 mL, 100 mL, 250 mL et 500 mL.
- Pipettes jaugées de 2 mL, 5 mL, 10 mL et 25 mL.
- Burette graduée de 25 mL.
- Erlenmeyer de 100 mL.

DOC 2 *Pile à combustible*

Pile à combustible dont l'électrolyte est de l'acide phosphorique H_3PO_4, de densité $d = 1{,}885$ et de masse molaire $M = 98{,}00$ g.mol^{-1}.

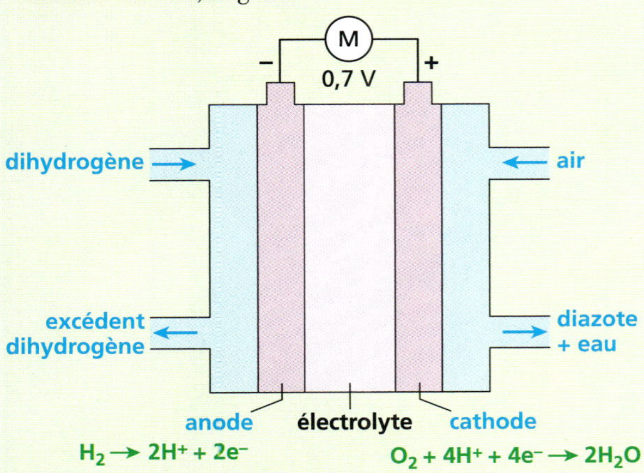

DOC 3 *Courbe de titrage de l'acide phosphorique*

Le titrage d'une solution d'acide phosphorique par une solution d'hydroxyde de sodium possède une courbe plus compliquée que celui de l'acide chlorhydrique par cette même base car deux réactions peuvent se dérouler successivement, comme c'est indiqué par les deux sauts successifs de la courbe de titrage.

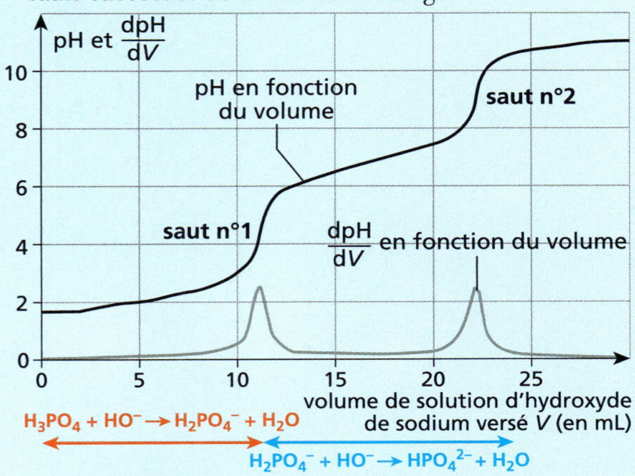

DOC 4 *Tableau d'indicateurs de fin de réaction acide-base*

Indicateur	Couleur (acide)	pH de transition	Couleur (base)
Méthyl violet	jaune	0,0 - 1,6	bleu-violet
Jaune de méthyle	rouge	2,9 - 4,0	jaune
Vert de bromocrésol	jaune	3,8 - 5,4	bleu
Bleu de bromothymol BBT	jaune	6,0 - 7,6	bleu
Rouge neutre	rouge	6,8 - 8,0	jaune orangé
Phénolphtaléine	incolore	8,2 - 10,0	rose

Thème 2

Son et musique

Concert lors du 54e Festival de jazz de Monterey (Californie).

Qu'il soit recherché lorsque nous écoutons de la musique ou indésirable lorsque nous voulons dormir tranquillement, que nous le produisions à l'aide d'instruments ou de notre voix, que nous l'écoutions ou cherchions à le modifier, le son fait partie de notre vie.

Comment fonctionnent les instruments de musique et les émetteurs et récepteurs sonores ? Quels sont les enjeux architecturaux de l'acoustique ?

CHAPITRES

Pour démarrer le thème 2

MATHÉMATIQUES

➥ Corrigés p. 155

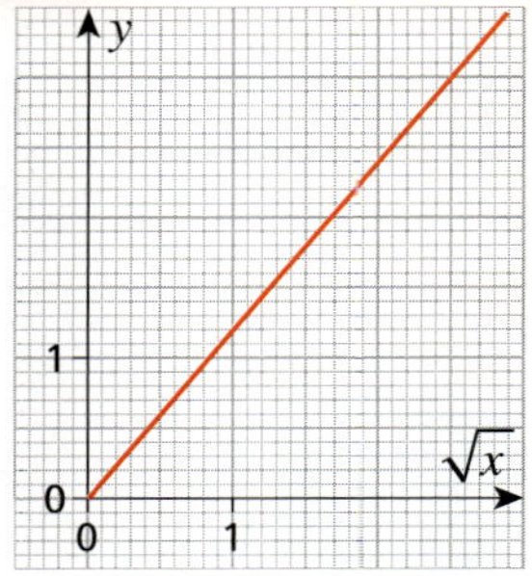

1 Pour chacune des expressions suivantes, dire si elle est compatible avec le tracé de la figure ci-contre.

A $y = 1{,}2\sqrt{x}$; B $y = 0{,}83\sqrt{x}$; C $y^2 = 1{,}4x$; D $x = 0{,}69y^2$.

2 Étudier les variations de la fonction $f : x \mapsto f(x) = \dfrac{x}{(1+x)^2}$.

3 Les grandeurs x, y et z vérifient $z = y + 10\log x$.

a. Calculer z si $x = 13{,}7$ et $y = 50$.

b. Exprimer y en fonction de x et z et le calculer si $x = 32{,}4$ et $z = 67$.

c. Exprimer x en fonction de y et z et le calculer si $y = 47$ et $z = 65$.

d. Pour quelles valeurs de x a-t-on z supérieur à y ?

e. Quand x double et y reste constant, que fait z ?

f. Quand z augmente de 10 et y reste constant, que fait x ?

4 Les grandeurs x, y et z vérifient $z = \sqrt{\dfrac{y}{x}}$.

a. Calculer z si $y = 200$ et $x = 1{,}37.10^{-3}$.

b. Exprimer y en fonction de x et z et le calculer si $z = 140$ et $x = 0{,}97.10^{-3}$.

c. Exprimer x en fonction de y et z et le calculer si $y = 20$ et $z = 90$.

PHYSIQUE-CHIMIE

5 Deux sons sont enregistrés et les spectres correspondants sont tracés ci-contre :

a. Attribuer à chaque signal temporel son spectre en justifiant.

b. Qualifier chacun des sons de pur ou complexe.

c. Comment se nomment les différents pics présents dans le spectre 1 ?

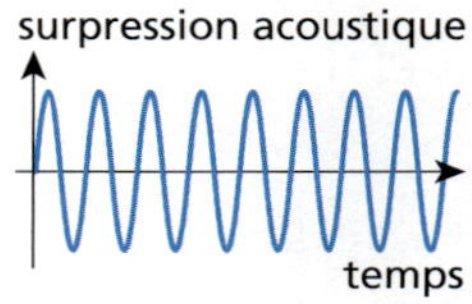

Son 1

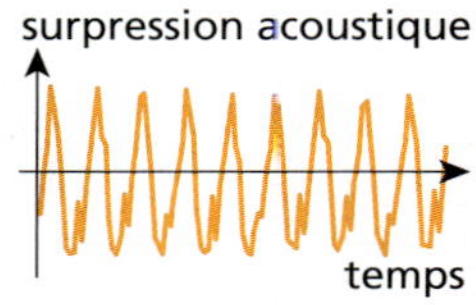

Son 2

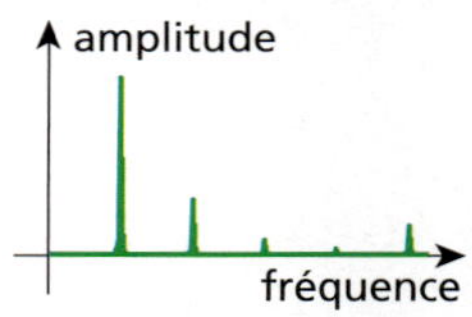

Spectre 1

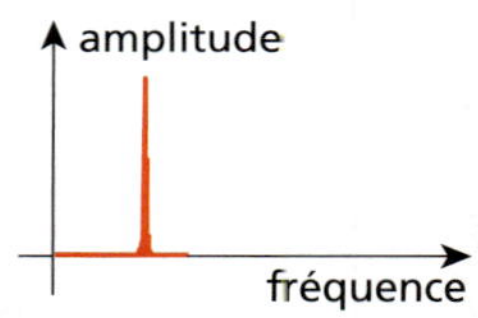

Spectre 2

6 Le niveau sonore perçu du son produit par un instrument de musique est $L = 68$ dB.

a. Rappeler la définition du niveau sonore.

b. Calculer l'intensité sonore correspondante.

c. Un autre instrument produit, seul, un son dont le niveau perçu est $L = 59$ dB. Calculer le niveau sonore perçu lorsque les deux instruments jouent simultanément, en considérant que les intensités sonores s'additionnent.

7 La célérité du son dans l'air est $v = 340$ m.s^{-1}.

a. Exprimer puis calculer la longueur d'onde λ_1 d'un son de période $T_1 = 2{,}0$ ms.

b. Exprimer puis calculer la longueur d'onde λ_2 d'un son de fréquence $f_2 = 880$ Hz.

c. Exprimer puis calculer la fréquence f_3 d'un son de période $T_3 = 300$ µs.

d. Exprimer puis calculer la fréquence f_4 d'un son de longueur d'onde $\lambda_4 = 59$ cm.

8 Rappeler le domaine des fréquences des sons audibles par l'oreille humaine.

9 Quelle grandeur physique caractérise la hauteur d'un son musical ?

10 Comment comparer les timbres de deux sons musicaux sur leurs représentations temporelles ? Et sur leurs spectres ?

Chapitre 4 Instruments de musique

Concert de Claude Nougaro

Mots clés et méthodes associées

- **Instruments à cordes** ▶ Vérifier le lien entre deux grandeurs. Effectuer une analyse dimensionnelle.
- **Instruments à vent** ▶ Déterminer la forme d'un mode de vibration.
- **Instruments à percussion** ▶ Vérifier une dépendance entre deux grandeurs.
- **Instruments électroniques** ▶ Adéquation entre valeur obtenue et valeur attendue.
- **Acoustique musicale** ▶ Utiliser la fonction logarithme pour vérifier une dépendance en puissance.
- **Traitement du son** ▶ Mesurer la valeur efficace d'une tension. Obtenir un spectre en fréquence.

Mot clé INTRUMENTS À CORDES

▶ Comment fonctionnent les instruments de musique ? Et en particulier les instruments à cordes ? Pourquoi les instruments à cordes ne produisent-ils pas tous les mêmes sons ?

Du piano à la guitare, en passant par le violon, les instruments à cordes émettent des sons de différentes façons : les cordes peuvent être pincées, frappées ou frottées. Cela influe sur la manière de vibrer de la corde, contribuant ainsi à créer une grande variété de sons.

DÉFINITIONS

Un instrument de musique produit un son grâce à deux parties distinctes :
- l'**excitateur**, qui est à l'origine des vibrations ;
- le **résonateur**, qui permet l'émission du son dans le milieu environnant.

Lorsqu'une corde tendue entre deux points fixes est excitée de manière sinusoïdale, elle n'entre en **résonance**, c'est-à-dire ne vibre de manière importante, que pour certaines fréquences f_n appelées **harmoniques** de rang n.

La première de ces fréquences est appelée **fréquence fondamentale**.

Pour chaque fréquence de résonance f_n, la corde a une manière de vibrer appelée **mode propre de vibration** de rang n.

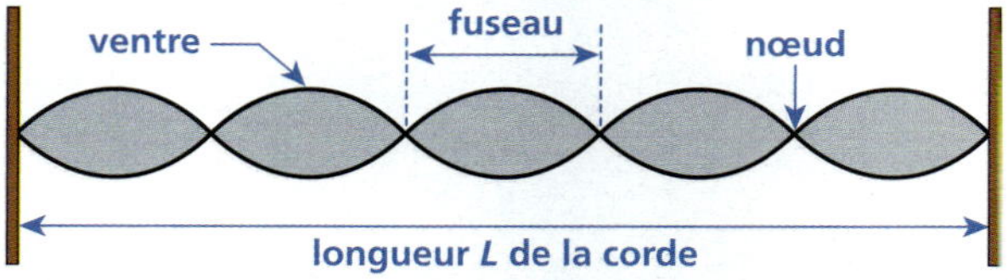

Fig. 1 Aspect, à l'œil nu, du mode propre de vibration de rang 5 d'une corde tendue entre ses deux extrémités.

Voir Exercices 1 p. 91 5 p. 95

TP bac 1 p. 86

Point méthode

Vérifier le lien entre deux grandeurs

Pour vérifier expérimentalement une relation du type $y = f(x)$ entre deux grandeurs x et y, on peut utiliser la méthode suivante.

▶ Mesurer ou calculer y pour différentes valeurs de x.

▶ Placer les points de mesure sur un graphe représentant y en ordonnée et x en abscisse.

▶ Tracer une courbe modèle de la fonction f :

- lorsque les points de mesure sont alignés (modèle de la fonction f linéaire ou affine), le tracé peut être fait à la main sur papier millimétré car le coefficient directeur et l'ordonnée à l'origine de la droite tracée peuvent être obtenus graphiquement ;
- si le tracé de y en fonction de x ne montre pas des points alignés, un autre modèle est nécessaire ; une astuce peut consister à se ramener malgré tout à une fonction linéaire : par exemple, si la relation à vérifier est $y = k\sqrt{x}$, tracer y en fonction de $\sqrt{x}$ permet d'obtenir une fonction linéaire, si la relation est $y = k\,x^2$, alors il faut tracer y en fonction de x^2 pour obtenir une fonction linéaire ;
- à l'aide d'un logiciel adapté (tableur), il est possible de déterminer automatiquement des modèles, y compris plus complexes.

Effectuer une analyse dimensionnelle

Pour effectuer l'analyse dimensionnelle d'une relation littérale, exprimer la dimension de chaque grandeur de la relation à l'aide des dimensions de masse M, de longueur L, de temps T ou d'intensité I du courant. Par exemple, la deuxième loi de Newton vue en mécanique, qui s'écrit $\vec{F} = m\vec{a}$, indique que la dimension d'une force est $[F] = \mathrm{M}\dfrac{\mathrm{L}}{\mathrm{T}^2}$.

Activité expérimentale

1 L'élastique musical

OBJECTIF Comprendre le principe de production d'un son musical.

1 Construction de l'instrument

PROTOCOLE

▶ Tendre un élastique entre le pouce et l'index puis tirer sur l'élastique avec l'autre main et le lâcher. Observer l'élastique et écouter.

▶ Enrouler l'élastique autour d'un récipient vide (pot de yaourt...) de manière à le faire passer au dessus de l'ouverture. Tirer puis lâcher la partie de l'élastique au-dessus de l'ouverture. Écouter.

Fig. 2 Le pot et l'élastique.

a Pour chacune des deux situations expérimentales, décrire l'évolution de l'élastique une fois lâché.

b À votre avis, pourquoi le son est-il plus audible lorsque l'élastique est tendu sur le récipient ?

c Identifier le rôle joué par l'élastique et le rôle joué par le récipient.

d En déduire les deux fonctions essentielles que doit remplir un instrument de musique afin de produire un son.

e Pour les instruments de la **figure 3**, identifier les éléments responsables de ces deux fonctions.

Fig. 3 Violon et piano.

2 Paramètres influençant le son

PROTOCOLE

À l'aide du même dispositif :

▶ Proposer un protocole expérimental permettant d'étudier l'influence de divers paramètres sur la hauteur du son produit.

Préciser par exemple l'influence des paramètres suivants :

- la longueur de la partie vibrante de l'élastique ;
- la tension de l'élastique ;
- le volume de la cavité résonante.

f Pour chacune des expériences, réaliser un compte-rendu présentant :

- les hypothèses,
- les réalisations détaillées illustrées de schémas,
- les résultats et les interprétations,
- les conclusions.

2 Oscillations d'une corde tendue

OBJECTIF

Étudier les oscillations libres ou forcées d'une corde tendue et le lien entre les fréquences de vibration et les caractéristiques de la corde.

1 Oscillations forcées

PROTOCOLE

Une corde métallique est tendue entre deux points fixes, la force de tension pouvant être modifiée **(Fig. 4)**.
Cette corde est branchée sur un GBF faisant circuler un courant alternatif en son sein.
Un aimant placé au voisinage de la corde crée sur la corde, du fait du courant électrique qui y circule, une force perpendiculaire à la corde, alternativement dans un sens puis l'autre, forçant la corde à vibrer à la fréquence du GBF.

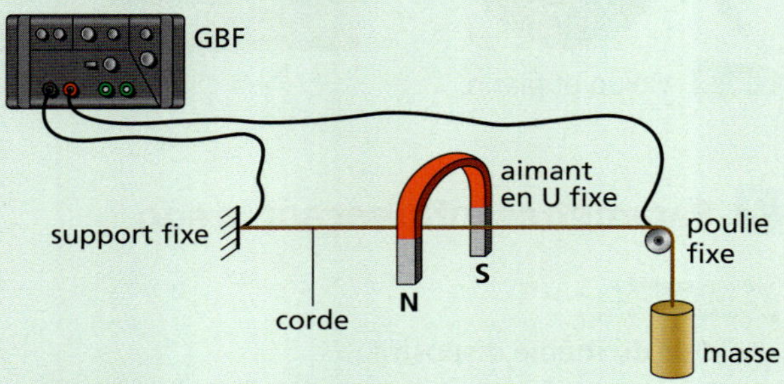

Fig. 4 Montage expérimental.

▶ Régler la fréquence du GBF au minimum et l'augmenter lentement en observant l'allure de la corde.
▶ Pour certaines fréquences f_n, les vibrations de la corde sont plus marquées. Noter les valeurs de ces fréquences et, pour chacune d'entre elles, dessiner l'allure de la corde observée à l'œil nu en prenant modèle sur la **figure 1**.
▶ Pour chaque fréquence, noter également le nombre de nœuds et le nombre de fuseaux observés.

a Dessiner l'allure que la corde prend à un instant donné de sa vibration, dans le mode de rang 4. En déduire la relation entre la longueur d'un fuseau observé à l'œil nu et la longueur d'onde de l'onde sur la corde.

b Exprimer en fonction de n le nombre de fuseaux observés pour un mode de rang n donné. En déduire la longueur d'un fuseau pour le mode de rang n, en fonction de la longueur L de la corde et de n.

c En déduire, pour l'onde du mode de rang n, l'expression de la longueur d'onde λ_n, en fonction de L et n.

d Donner l'expression du produit $f_n\lambda_n$ en fonction de f_1 et L.

e Quelle grandeur cela représente-t-il ? Le vérifier par analyse dimensionnelle. Méthode p. 52

2 Oscillations libres

Lorsqu'elle est frappée ou pincée, une corde tendue vibre librement selon ses modes propres de vibration.

PROTOCOLE

▶ Débrancher le GBF du montage précédent et brancher la corde directement sur l'entrée d'un système d'acquisition informatisé. Régler l'acquisition conformément aux indications du professeur.
▶ Pincer la corde près d'une extrémité et visualiser la forme du signal enregistré.
▶ Mesurer sa période T.
▶ À l'aide des fonctionnalités du logiciel d'acquisition, afficher également le spectre en fréquences du signal.

f Le signal temporel est-il sinusoïdal ?

g Déterminer la fréquence de ce signal appelée *fréquence propre* des oscillations libres de la corde. À quelle fréquence de la première partie de cette activité est-elle égale ?

h Sur le spectre en fréquences, comparer les fréquences des pics avec les fréquences f_n de la première partie. Conclure sur le lien entre les modes propres de vibration d'une corde et les fréquences de ses oscillations libres une fois pincée ou frappée.

PROTOCOLE

▶ Refaire une acquisition du signal en frappant la corde au lieu de la pincer.

▶ Effectuer une acquisition du signal en pinçant la corde en son milieu et une acquisition en la pinçant en un autre point.

i Comparer les spectres lorsque la corde est pincée et lorsque la corde est frappée : quels sont les points communs et les changements ?

j Comparer les spectres obtenus lorsque la corde est pincée à différents endroits : quels sont les points communs et les changements ?

k Quels sont les modes de vibration absents lorsque la corde est excitée en son milieu ?

l Interpréter cela en dessinant les fuseaux le long de la corde pour les cinq premiers modes.

3 Influence de la tension de la corde

Lorsqu'elle est frappée ou pincée, une corde tendue vibre librement selon ses modes propres de vibration.

PROTOCOLE

Proposer un protocole expérimental permettant, à l'aide d'un des dispositifs utilisés dans les deux premières parties de cette activité, de montrer que la relation entre la fréquence f des signaux émis et la tension F de la corde peut s'écrire $f = a\sqrt{F}$ où a est une constante. Réaliser les manipulations après accord du professeur. Méthode p. 52

m Quelle est la relation entre célérité v et fréquence f d'une onde périodique sinusoïdale ?

n Quelle est la relation entre la longueur L de la corde et la longueur d'onde λ du mode fondamental ?

o En déduire que la relation entre la célérité v des ondes le long de la corde et sa tension F peut s'écrire $v = k\sqrt{F}$.

p Par analyse dimensionnelle, montrer que cette relation est compatible avec l'expression $v = \sqrt{\frac{F}{\mu}}$, où μ est la masse linéique de la corde (masse par unité de longueur en $kg.m^{-1}$).

Activité documentaire

3 Résolution d'un problème scientifique

OBJECTIF **Étudier** la manière d'accorder un violon.

Un violon est composé d'une caisse de résonance munie d'un chevalet et d'un manche sur lequel sont fixées quatre cordes que le violoniste frotte à l'aide d'un archet. Il peut également régler la hauteur de la note émise par chaque corde en ajustant la tension à l'aide des chevilles situées en bout du manche.

Pour accorder un violon, la hauteur du son de la corde la_3 est réglée à l'aide d'un diapason vibrant à 440 Hz.

La corde la_3 d'un violon a pour masse linéique $\mu = 0{,}95\ g.m^{-1}$ et pour longueur $L = 55$ cm.

Lorsqu'une corde tendue entre deux points fixes est excitée, des ondes progressives se propagent le long de la corde, dans les deux sens, à la célérité $v = \sqrt{\frac{F}{\mu}}$ où F est la tension de la corde.

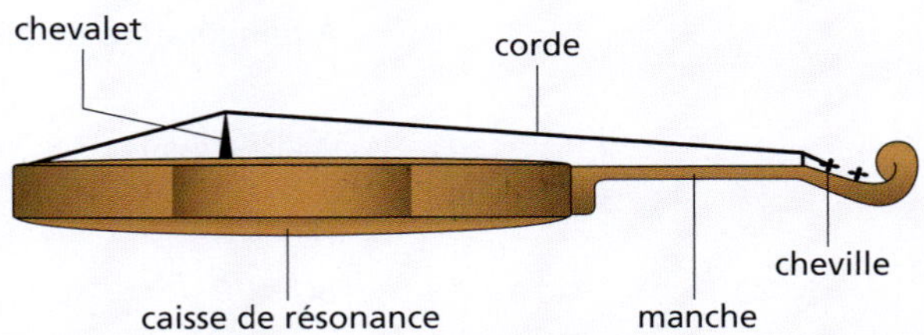

Fig. 5 Schéma d'un violon.

● À l'aide de vos connaissances sur les modes de vibration d'une corde, déterminer, en détaillant le raisonnement, quelle tension il faut imposer à la corde la_3 d'un violon pour qu'elle vibre bien à 440 Hz.

Mot clé INSTRUMENTS À VENT

▶ Comment un orgue ou une flûte de Pan produisent-ils des sons ? Les instruments à vent ont-ils des points communs avec les instruments à cordes ?

Pour la plupart des instruments à vent, le son est produit par la vibration d'une colonne d'air dans des tuyaux sonores. Cette vibration est provoquée soit par les lèvres du musicien (trompette), soit par une anche (saxophone, hautbois), soit par un biseau (flûte). Nous allons montrer dans cette partie comment vibre une colonne d'air dans un tuyau sonore et à quelles fréquences.

DÉFINITIONS

Lorsqu'une colonne d'air est excitée de manière périodique, elle n'entre en **résonance**, c'est-à-dire ne vibre de manière importante, que pour certaines fréquences f_n, appelées **harmoniques** de rang *n*. La plus petite de ces fréquences est appelée **fréquence fondamentale**. Ces vibrations résultent de la superposition d'ondes progressives se propageant dans l'air dans un sens et dans l'autre, et dont l'interférence n'est constructive qu'à ces fréquences de résonance.

Le résonateur (par exemple le tuyau pour un orgue) impose à l'onde d'avoir un **ventre de vibration** à une extrémité ouverte et un **nœud de vibration** à une extrémité fermée s'il y en a une. Le ventre de vibration est un lieu de vibration **d'amplitude maximale** et un nœud est une zone de vibration **d'amplitude nulle**.

La relation entre la célérité v du son et la température T de l'air s'écrit : $v = \sqrt{\frac{\gamma RT}{M}}$.

T est la température absolue de l'air en kelvins, $\gamma = 1{,}40$ est un nombre sans unité caractéristique des gaz présents dans l'air, $R = 8{,}314\ \text{J.mol}^{-1}.\text{K}^{-1}$ est appelée constante des gaz parfaits, et $M = 28{,}9\ \text{g.mol}^{-1}$ est la masse molaire moyenne de l'air.
À température de 20 °C la célérité du son vaut $v = 344\ \text{m.s}^{-1}$

Voir Exercices 8 p. 99

TP bac 2 p. 88

Point méthode

Déterminer la forme d'un mode de vibration

Pour trouver la relation entre la longueur L d'un tuyau sonore et la longueur d'onde λ_n de l'onde sonore correspondant au mode de vibration de rang n dans le tuyau, il est utile de dessiner les premiers modes de vibration compatibles avec la nature ouverte ou fermée des extrémités du tuyau sonore **(Fig. 1)**.

Fig. 1 Premier mode de vibration dans un tuyau sonore ouvert d'un côté et fermé de l'autre.

Activité expérimentale

1 Vibrations d'une colonne d'air

OBJECTIF Étudier les vibrations, libres ou forcées, d'une colonne d'air dans un tuyau et le lien entre les fréquences de vibration et les caractéristiques du tuyau.

1 Oscillations forcées

PROTOCOLE

▶ Réaliser le montage de la **figure 2**. La tension délivrée par le microphone est visualisée à l'aide d'un oscilloscope ou d'un système d'acquisition informatisé.

▶ Augmenter progressivement la fréquence, écouter le son émis par la colonne d'air et visualiser le signal reçu par le microphone.

▶ Noter les fréquences de résonance f_n.

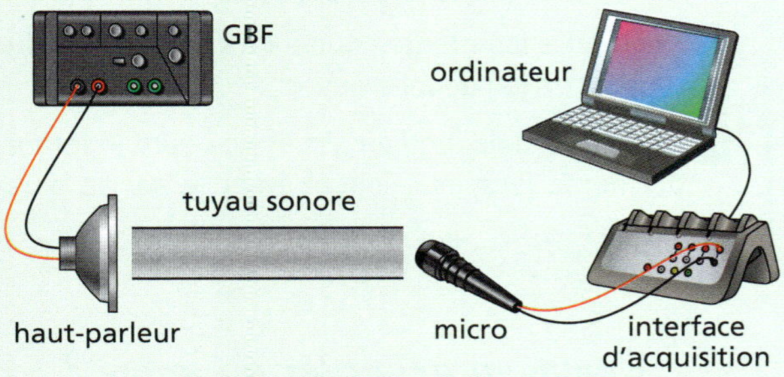

Fig. 2 Étude des oscillations forcées d'un tuyau.

a Comparer les fréquences f_n.

b En déduire une relation entre les fréquences f_n et la fréquence fondamentale.

2 Oscillations libres

PROTOCOLE

▶ Débrancher le GBF, enlever le haut-parleur du montage précédent.

▶ Produire des sons complexes (du type raclement de gorge) à l'extrémité du tuyau et enregistrer le son à l'aide d'un microphone placé à l'autre extrémité.

▶ À l'aide des fonctionnalités du système d'acquisition, représenter le signal temporel et le spectre en fréquences du son émis.

c Déterminer la fréquence propre des oscillations libres de la colonne d'air dans le tuyau. À quelle fréquence déterminée dans la première partie est-elle égale ?

d Sur le spectre, comparer les fréquences des pics avec les fréquences de résonance déterminées dans la première partie.

3 Fabrication d'une flûte de Pan

Pour fabriquer une flûte de Pan **(Fig. 3)** jouant les sept notes de la gamme de la troisième octave **(Fig. 4)**, il est possible d'utiliser des tuyaux en plastique bouchés à l'une de leurs extrémités. Il s'agit de savoir comment faire pour obtenir les notes de fréquences fixées.

Fig. 3 Flûte de Pan.

Note	*do*	*ré*	*mi*	*fa*	*sol*	*la*	*si*
Fréquence (Hz)	261,6	293,7	329,6	349,2	392,0	440,0	493,9

Fig. 4 Fréquences des notes de la troisième octave.

e À l'aide du matériel à disposition (GBF, haut-parleur, différents tuyaux), montrer que le diamètre du tuyau n'influe pas sur la fréquence fondamentale f_1 du son produit.

f Montrer ensuite qu'il est possible d'écrire $f_1 = \frac{k}{L}$, où L est la longueur du tuyau et k une constante à déterminer graphiquement. Méthode p. 52

g En indiquant la démarche suivie, en déduire les valeurs des longueurs de chaque tube de la flûte de Pan.

h À l'aide des informations de la partie **DÉFINITIONS** et de vos connaissances, retrouver le lien théorique entre f et L. La relation sera vérifiée par analyse dimensionnelle. Méthode p. 52

2 L'orgue

OBJECTIF **Étudier** les vibrations d'une colonne d'air dans un tuyau d'orgue et la manière de l'accorder.

DOC 1 *Ondes dans un tuyau d'orgue*

Un orgue comporte de nombreux tuyaux sonores **(Fig. 5)**. Pour certains tuyaux, appelés *jeux de fond*, l'air insufflé par une soufflerie vient frapper le biseau de l'embouchure et provoque la vibration de la colonne d'air dans le tuyau. L'embouchure est toujours le lieu d'un ventre de vibration.

Fig. 5 Orgue.

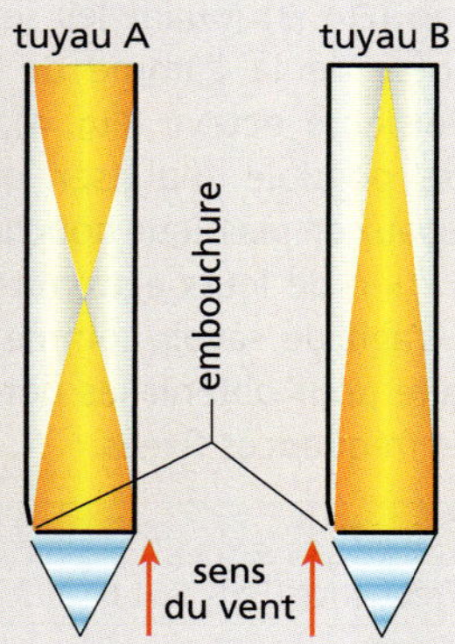

Fig. 6 Tuyaux d'orgue.

Certains de ces tuyaux, comme le jeu de *montre*, placé en façade de l'instrument (c'est le jeu qui est montré), sont ouverts à l'extrémité supérieure. D'autres, comme souvent les *bourdons*, sont fermés en leur partie supérieure **(Fig. 6)**. Parmi ces derniers, les tuyaux émettant les sons les plus graves font 16 pieds (1 pied = 32,47 cm) et ceux qui produisent les sons les plus aigus mesurent 1/32e de pied. La fréquence fondamentale des tuyaux les plus grands peut être dans le domaine des infrasons de fréquences inférieures à 20 Hz.

Étude d'un bourdon

a Lequel des tuyaux de la **figure 6** est un bourdon ?

b Représenter les fuseaux des trois premiers modes de vibration dans un bourdon. Méthode p. 56

c Quel est le mode de vibration du bourdon représenté sur la **figure 6** ?

d En déduire une relation entre la longueur d'onde λ_n du mode de vibration de rang n et la longueur L du bourdon.

e En déduire l'expression de la fréquence f_n du mode de rang n en fonction de n, L et v. Retrouver ainsi la relation entre f_n et f_1.

f Quelle est la fréquence f_1 du son émis par le bourdon le plus grave ? Ce son est-il audible ?

Étude d'un jeu de fond ouvert

g Reprendre les mêmes questions dans le cas du tuyau d'un jeu de fond ouvert.

h Entre un jeu de fond ouvert et un bourdon fermé de même longueur, lequel émet le son le plus grave ?

DOC 2 *Comment accorder un orgue ?*

Un guitariste, pour accorder son instrument, règle la tension des cordes. De la même façon, le facteur d'orgue peut, si nécessaire, accorder les tuyaux sonores de son orgue lorsque les conditions atmosphériques changent.
Lorsque la température de l'air change, la célérité du son est modifiée, donc le son émis par le tuyau l'est également.
Pour accorder un tuyau d'orgue, une coulisse d'accord mobile située à l'extrémité du tuyau permet de modifier la longueur du tuyau.

i Un bourdon grave émet à 22 °C le son *do* de fréquence 32,7 Hz. Sa longueur L est reliée à la fréquence f du son par la relation $L = \dfrac{v}{4f}$.
Déterminer de quelle distance D la coulisse d'accord devrait être déplacée, et dans quel sens, pour accorder ce bourdon quand la température passe de 22 °C (température de l'orgue l'été) à 5 °C, température en hiver.

Mot clé INSTRUMENTS À PERCUSSION

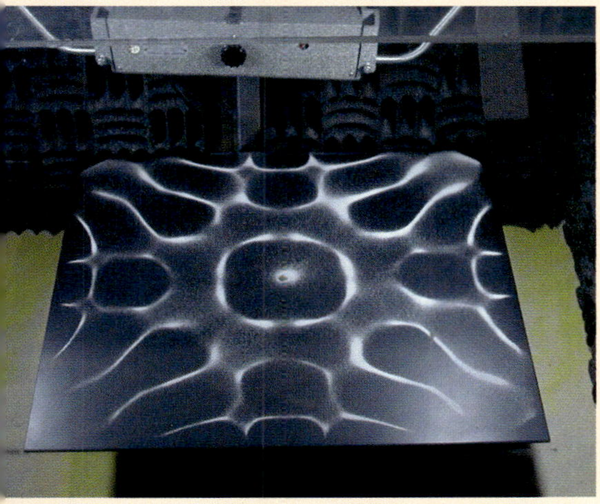

Fig. 1 Figure de Chladni sur une plaque carrée pour une fréquence d'excitation égale à 980 Hz.

▶ **Quels types de sons peut émettre un instrument à percussion ?**

Un instrument à percussion est un instrument de musique dont l'émission résulte de la frappe ou du grattage d'une membrane ou d'un matériau résonant. Alors qu'une corde est un système vibrant à une dimension, les peaux tendues sur des toms de batterie, les lames de claviers et les cloches, sont des systèmes à deux dimensions. La première étude physique de ces systèmes a été menée au XIXe siècle par Ernest Chladni sur des plaques vibrantes saupoudrées de sable **(Fig. 1)**.

DÉFINITIONS

Une **ligne nodale** est l'équivalent en deux dimensions d'un **nœud** de vibration : c'est une courbe de vibration nulle.

Une **octave** sépare deux notes dont la plus aiguë a la fréquence double de la plus grave.

Voir Exercices 5 p. 95

Point méthode

Vérifier une dépendance entre deux grandeurs

Pour s'assurer que deux grandeurs x et y sont reliées par une relation du type $y = ax^k$, il est possible de tracer y en fonction de x^k et de vérifier la dépendance linéaire.

Activité documentaire

1 Vibrations d'une plaque carrée

OBJECTIF **Caractériser** les vibrations sur une surface à deux dimensions.

Pour obtenir les figures de Chladni, une plaque métallique carrée est fixée horizontalement en son centre sur un socle vibrant relié à un générateur de basses fréquences. La plaque est saupoudrée de sable fin et la fréquence du générateur est augmentée lentement. Différentes figures sont obtenues successivement. La simulation numérique permet de visualiser en trois dimensions la forme des modes de vibration d'une de ces figures **(Fig. 2)**.

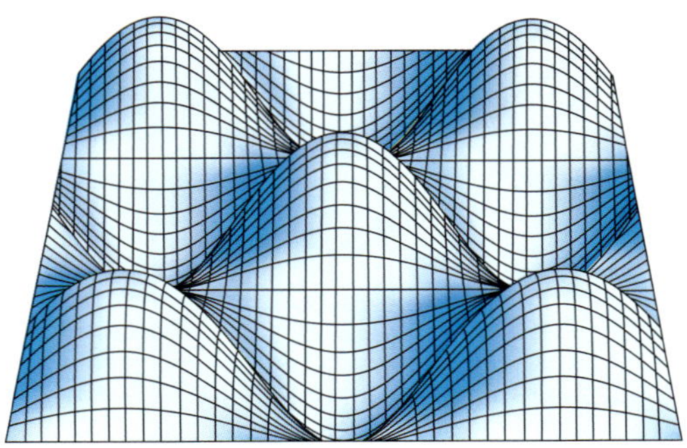

Fig. 2 Mode de vibration sur une plaque carrée pour une fréquence d'excitation $f = 368$ Hz.

a Sur le plan vibratoire, comment appeler les endroits où le sable s'accumule ? Et les endroits d'où il est chassé ?

b En s'inspirant de la **figure 1**, dessiner la figure de Chladni correspondant à la **figure 2**.

c Décrire la taille des motifs élémentaires lorsque la fréquence augmente.

d La théorie prévoit que les fréquences permettant d'obtenir les figures de Chladni sont de la forme : $f = \frac{v}{2L}\sqrt{n^2 + m^2}$, où v est la célérité des ondes dans la plaque de côté L ; n et m sont les nombres (entiers) de lignes nodales qui coupent chaque côté ; si une ligne nodale arrive dans un coin, elle compte pour $1/2$ dans le calcul de n et de m.

Montrer que le cas $m = 0$ est compatible avec les fréquences de vibration d'une corde ou d'un tuyau de longueur L.

e Déterminer m et n dans le cas des **figures 1** et **2**.

f Résumer les similitudes et les différences avec les expériences d'oscillations forcées faites avec les instruments à cordes ou à vent (excitation, harmonicité ou non des fréquences de vibration, allure des modes).

Activité expérimentale

2 Étude d'un instrument à percussion

OBJECTIF

Caractériser le son émis par un xylophone dans différentes situations de percussion.

PROTOCOLE

Influence de la longueur de la lame sur le son émis

- Pour chaque lame d'un xylophone, enregistrer le son émis lorsque la lame est frappée doucement et déterminer, par analyse spectrale, la fréquence f du fondamental.
- Entrer dans un tableur les valeurs de f et les valeurs correspondantes de la longueur L de la lame.

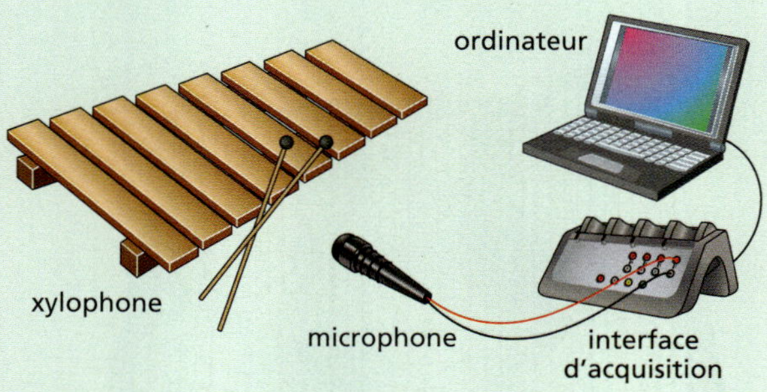

Fig. 4 Étude du son émis par un xylophone.

a Décrire comment varie la fréquence f quand la longueur de la lame L augmente.

b La théorie prévoit que f est de la forme $f = k/L^2$, avec k une constante de proportionnalité. Vérifier la validité de cette relation. Méthode p. 59

c Prévoir le rapport entre les longueurs des lames extrêmes d'un clavier d'instrument de concert couvrant quatre octaves.

PROTOCOLE

Influence de la frappe sur le son émis

- Enregistrer le son émis pour une lame lorsqu'elle est frappée doucement et lorsqu'elle est frappée fortement.

d Comparer les deux signaux et les deux spectres.

e Dans le spectre correspondant à l'attaque forte, repérer la fréquence f_0 du fondamental et les autres fréquences qui apparaissent (notées f_1, f_2...). Calculer f_1/f_0 et f_2/f_0. Commenter.

f En déduire une différence essentielle entre les instruments à percussion et les instruments déjà étudiés (à vent et à cordes).

Mot clé

INSTRUMENTS ÉLECTRONIQUES

▶ **D'où viennent les premiers instruments électroniques ?**

Les premiers instruments électromécaniques, inventés au XIXe siècle, utilisaient un vibreur mécanique pour produire des oscillations électriques. Puis, à partir du XXe siècle, ces oscillations ont été générées sans vibreur mécanique, grâce à des oscillateurs électroniques, produisant des signaux électriques périodiques. La mise au point du tube à vide (ou triode) en 1907 permet de réaliser les premiers circuits électroniques et de remplacer le vibreur mécanique par un oscillateur électronique. En 1948, l'invention du transistor dans les laboratoires Bell permet la miniaturisation des circuits et l'apparition de synthétiseurs peu encombrants **(Fig. 1)**.

DÉFINITIONS

Un **électro-aimant** est constitué d'un bobinage et d'un noyau de fer doux ; quand le bobinage est parcouru par un courant électrique, il joue le rôle d'un aimant.

Voir Exercices
3 p. 93
7 p. 97

Point méthode

Évaluer l'adéquation entre une valeur obtenue et une valeur attendue

La comparaison entre la valeur x_{exp} d'une grandeur obtenue expérimentalement et la valeur attendue $x_{réf}$, passe par un calcul d'**écart relatif** : $\frac{|x_{réf} - x_{exp}|}{x_{réf}}$.

Activité documentaire

1 Le premier synthétiseur : le télégraphe musical

OBJECTIF **Comprendre** le fonctionnement d'un instrument électrique historique.

En 1876, Elisha Gray construisit le premier synthétiseur, appelé télégraphe musical, fonctionnant avec deux notes.

DOC 1 ***L'interrupteur à trembleur***

Le télégraphe musical utilise l'interrupteur à trembleur, oscillateur électrique mis au point en 1838 par Charles Grafton Page. Il comprend un électro-aimant B, une vis métallique V, et un ressort métallique R qui vient toucher la vis en C lorsqu'il n'y a pas de courant dans le circuit **(Fig. 1)**.

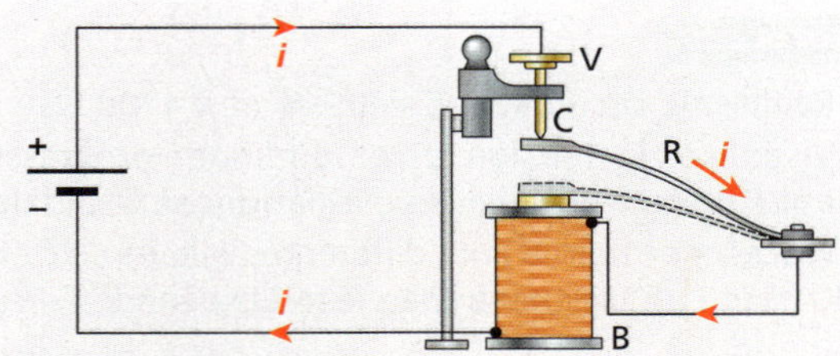

Fig. 1 Interrupteur à trembleur.

a Décrire physiquement comment l'interrupteur à trembleur parvient à créer un courant périodique.

b Comment agir sur la vis V pour augmenter la fréquence des oscillations ? Justifier.

DOC 2 *L'émetteur de sons*

Dans le télégraphe musical, le courant *i* produit par l'interrupteur à trembleur est amplifié par un transformateur **(Fig. 2)**.
Ce courant variable alimente un autre électro-aimant au-dessus duquel se trouve une caisse cylindrique dont le fond, en fer, est ainsi conduit à se déformer périodiquement sous l'action de l'électro-aimant. Cette boîte est percée sur le dessus de deux trous en forme de S, comme la caisse d'un violon.

c Quel est le rôle de la caisse cylindrique dans l'émission des sons ?

d Dans la **figure 2**, attribuer aux lettres A, B, C, et D les fonctions suivantes : générateur de tension, touches du télégraphe, interrupteurs à trembleur, émetteur de sons.

e Résumer le fonctionnement de cet appareil en détachant les différentes fonctions (création d'un signal électrique périodique, conversion de ce signal en vibration mécanique, émission du son).

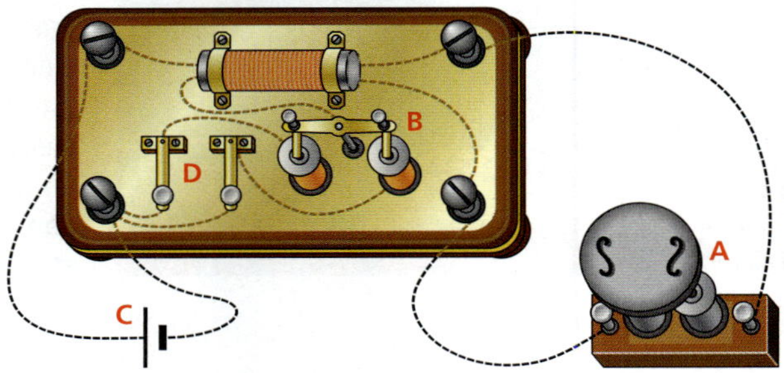

Fig. 2 Télégraphe musical.

Activité expérimentale

2 Un exemple d'oscillateur électronique

OBJECTIF **Réaliser** et étudier un oscillateur électronique pour produire un son.

PROTOCOLE

- Réaliser le circuit avec $C = 100$ nF et $R = 100\ \Omega$.
- Visualiser la tension u_S et diminuer progressivement R jusqu'à obtenir des oscillations sinusoïdales.
- Procéder de même pour différentes valeurs de C entre 100 nF et 1 µF. Mesurer à chaque fois la période T de u_S.

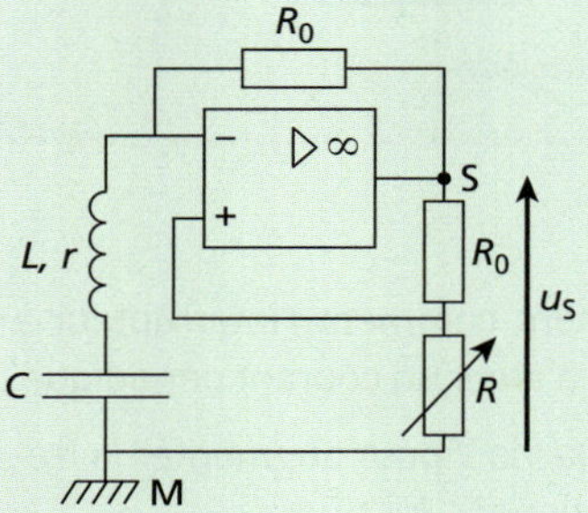

$R_0 = 10$ kΩ
R : boîte de résistances
C : boîte de capacités
inductance de la bobine : $L = 0,10$ H

a Tracer T en fonction de $\sqrt{C}$ et modéliser la courbe. L'expression théorique de la période des oscillations est $T = 2\pi\sqrt{LC}$. La valeur de L est-elle en accord avec la modélisation ? Méthode p. 61

b En déduire la valeur de C qui permet d'obtenir un son de fréquence 440 Hz.

PROTOCOLE

- Brancher un haut-parleur entre S et M et placer à proximité un microphone relié à l'interface d'acquisition.
- Enregistrer le son émis et afficher son spectre.

c En modifiant les valeurs de C et R, déterminer la plage de fréquences audibles qu'il est possible d'obtenir avec un tel montage. Est-il possible d'obtenir un son pur à toute fréquence ?

Mots clés

ACOUSTIQUE MUSICALE, GAMMES, HARMONIE

▶ Qu'est-ce qu'une gamme et comment la construire ? Comment un musicien transpose-t-il un morceau dans une autre tonalité ?

Une **gamme** est une succession de notes dont les fréquences sont reliées les unes aux autres de manière bien définie. La **gamme de Pythagore** a été utilisée de l'Antiquité au Moyen Âge et a servi de base pour la construction d'autres gammes, comme la **gamme tempérée** actuelle. La construction d'une gamme est intimement reliée aux phrases musicales et à l'harmonie, c'est-à-dire aux accords, que ses notes permettent de produire.

Fig. 1 Jean Sébastian Bach, l'un des promoteurs de la gamme tempérée.

DÉFINITIONS

L'**intervalle** entre deux sons est le quotient de la fréquence du son le plus aigu par celle du son le plus grave. Les intervalles d'**octave** (de valeur 2) et de **quinte** (de valeur 3/2) sont, dans la musique occidentale, considérés comme **consonants**, c'est-à-dire harmonieux à l'oreille.

Une **gamme** est une succession de notes de musiques comprises dans l'intervalle d'une octave. Les douze notes de la **gamme chromatique** sont *do, do#, ré, ré#, mi, fa, fa#, sol, sol#, la, la#, si*.

Les notes non altérées sont *do, ré, mi, fa, sol, la, si*.

Il existe plusieurs manières de définir les fréquences des notes d'une gamme. Dans la **gamme tempérée**, l'intervalle entre une note et la note suivante (appelé **demi-ton**) a une valeur constante valant $2^{1/12}$ **(Fig. 2)**. La **gamme de Pythagore**, elle, utilise les intervalles de quinte et d'octave pour construire les notes.

Note	*do*	*do#*	*ré*	*ré#*	*mi*	*fa*	*fa#*	*sol*	*sol#*	*la*	*la#*	*si*
Degré *n* dans la gamme	0	1	2	3	4	5	6	7	8	9	10	11
Intervalle avec le *do* dans la gamme tempérée	1	$2^{1/12}$	$2^{2/12}$	$2^{3/12}$	$2^{4/12}$	$2^{5/12}$	$2^{6/12}$	$2^{7/12}$	$2^{8/12}$	$2^{9/12}$	$2^{10/12}$	$2^{11/12}$

Fig. 2 Correspondance entre note et position dans la gamme chromatique.

Voir Exercices
1 p. 91
4 p. 94
8 p. 99

TP bac
2 p. 88

Point méthode

Utiliser la fonction logarithme pour vérifier une dépendance en puissance

La vérification d'une dépendance entre x et y de la forme $y = k\,a^x$ peut se faire en traçant log(y) en fonction de x.

La fonction logarithme vérifie les propriétés suivantes :

- $\log(ab) = \log(a) + \log(b)$
- $\log(a^b) = b\log(a)$
- $10^{\log(a)} = a$, quels que soient a et b strictement positifs.

Activité expérimentale

1 Intervalles consonants et gamme tempérée

OBJECTIF **Comprendre** les notions d'harmonie et la construction de la gamme tempérée.

1 Flûte à bec et consonance

La flûte à bec soprano est un instrument à vent qui joue les notes des octaves 4 et 5 **(Fig. 3)**.

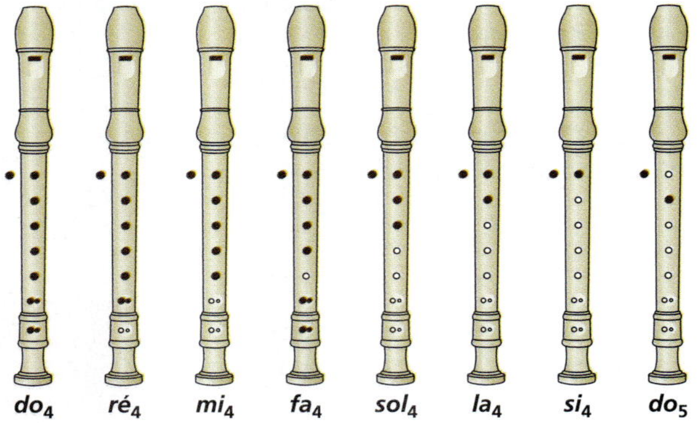

Fig. 3 Doigté de quelques notes jouées à la flûte à bec.

PROTOCOLE

- Enregistrer le sol_4 à l'aide d'un microphone relié à un système d'acquisition informatisé ; afficher le spectre de ce son et relever les fréquences des différents harmoniques.
- Faire de même avec les notes do_5, la_4 et do_4.

a Comparer les fréquences des harmoniques du *do* grave à celles du *do* aigu. Proposer un lien entre ces fréquences et le caractère consonant de l'intervalle d'octave.

b En procédant de même, expliquer la consonance de l'intervalle de quinte (*do*-*sol*).

c Expliquer la dissonance de l'intervalle *sol*-*la*.

2 Étude de la gamme tempérée

Dans la gamme tempérée, la fréquence de la n^e note est de la forme $f = f_0 a^n$, la note 0 étant le *do* de fréquence f_0.

PROTOCOLE

- Enregistrer chacune des notes non altérées de la gamme jouée par la flûte soprano.
- Déterminer la fréquence f de chaque note à l'aide des fonctionnalités du logiciel.
- Tracer $\log f$ en fonction de n et modéliser la courbe obtenue.

d À l'aide d'une modélisation de la courbe, déterminer $\log(a)$, puis a. Méthode p. 63

e Que vaut a^{12} ? Comment cette valeur aurait-elle pu être prévue théoriquement ?

f Les intervalles de quinte (*do*-*sol*), de quarte (*do*-*fa*) et de tierce pure (*do*-*mi*) ont pour valeurs respectives 3/2, 4/3 et 5/4. Montrer que ces intervalles se retrouvent approximativement dans la gamme tempérée.

3 Gammes et transposition

Pour un musicien, transposer un morceau est le jouer dans une autre tonalité, pour s'adapter par exemple à un chanteur qui ne peut pas chanter assez aigu ou assez grave. À l'oreille, le morceau est reconnu comme étant le même, mais plus aigu ou plus grave. Pour transposer un morceau, il suffit d'en décaler les notes dans la gamme.

Ainsi, le morceau « *do mi fa* » dans le ton de *do* est joué, dans le ton de *ré* dièse, « *ré# sol sol#* ».

La **figure 6** donne les intervalles de ces notes avec le *do* dans la gamme de Pythagore (dont la construction est présentée dans l'activité 2).

Note	*do*	*ré#*	*mi*	*fa*	*sol*	*sol#*
Gamme de Pythagore	1	$3^9/2^{14}$	$3^4/2^6$	4/3	3/2	$3^8/2^{12}$

Fig. 6 Intervalles avec le *do* de quelques notes dans la gamme de Pythagore.

g Donner, pour la gamme de Pythagore, les intervalles entre deux notes successives dans la mélodie « *do mi fa* » puis dans la mélodie transposée « *ré# sol sol#* ».

h Faire de même pour la gamme tempérée.

i Conclure sur l'intérêt de la gamme tempérée par rapport à la gamme de Pythagore.

2 Construction de la gamme de Pythagore

OBJECTIF

Comprendre la construction historique de la gamme de Pythagore.

DOC 1

En Occident, la première gamme fut la gamme de Pythagore **(Fig. 4)**. Sa construction peut utiliser une corde de tension fixe, mais de longueur variable. Considérons une corde de longueur L, qui joue la note do_3, dont la fréquence est $f = 261{,}6$ Hz. Si sa longueur est divisée par 2, elle joue la note à l'octave supérieure (do_4). Elle joue la note située à la quinte du do_3 si sa longueur est divisée par 3/2 : c'est le sol_3 de la gamme de Pythagore.
De même, la note située à la quinte ascendante du sol_3 est un $ré_4$. Elle n'est pas dans l'octave de référence do_3-do_4. En revanche, le $ré_3$ qui est à son octave inférieure s'y trouve.
Du point de vue des longueurs de corde, le sol_3 correspond à $\frac{L}{3/2}$, le ré$_4$ à $\frac{L}{(3/2)^2} = \frac{4L}{9}$, et le $ré_3$ au double de cette longueur soit $\frac{8L}{9}$ **(Fig. 5)**.

Fig. 4 Pythagore effectuant une expérience sur le son, *Theorica musicae*, Venise 1492.

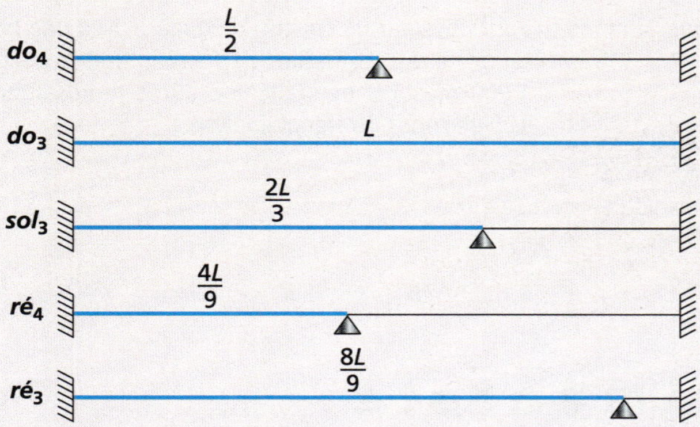

Fig. 5 Notes associées aux longueurs de corde vibrante.

a Exprimer en fraction de f les fréquences correspondant aux longueurs de $2L/3$ et $8L/9$.

b La gamme de Pythagore est construite par la quinte de la note précédente, avec changement éventuel d'octave pour se ramener entre le do_3 et le do_4. Exprimer ainsi, sous forme de fraction rationnelle de f, les trois fréquences suivantes.

c Le fa_3 est défini de sorte que le do_4 est à la quinte du fa_3. Exprimer sa fréquence sous forme de fraction rationnelle.

d Calculer les fréquences obtenues et les classer par ordre croissant pour les attribuer aux notes do_3, $ré_3$, mi_3, fa_3, sol_3, la_3, si_3 et do_4.

e Calculer, sous forme de fraction rationnelle, les intervalles entre deux notes consécutives.

f Deux intervalles seulement apparaissent. Le plus grand est appelé ton et le plus petit demi-ton. Entre quelles notes n'y a-t-il qu'un demi-ton ?

g Un tel demi-ton vaut-il la moitié d'un ton ? Les demi-ton et ton sont-ils exactement les mêmes que ceux de la gamme tempérée (respectivement $2^{1/12}$ et $2^{2/12}$) ?

Mot clé TRAITEMENT DU SON

▶ Comment transformer un son ?

Le traitement du son est utilisé dans les domaines de la télécommunication et de la musique **(Fig. 1)**. Il assure le fonctionnement des serveurs vocaux, des commandes vocales et des filtrages d'antennes pour la téléphonie mobile. Il englobe l'enregistrement, la compression, le stockage, la diffusion de la musique, mais aussi la correction d'enregistrements dégradés ainsi que la synthèse de nouveaux sons. Toutes ces fonctions sont réalisées par des **filtres** électriques ou par des traitements numériques.

Fig. 1 Platine de traitement de son.

DÉFINITIONS

Le **bruit** est un signal parasite indésirable qui vient s'ajouter au signal d'origine.

Un **filtre** est, en électricité, un dispositif permettant d'éliminer certaines fréquences d'un signal.

Voir Exercices 3 p. 93 6 p. 96 7 p. 97

Point méthode

Mesurer la valeur efficace d'une tension

Pour mesurer la valeur efficace U_{eff} d'une tension sinusoïdale centrée sur zéro, il faut :

- soit utiliser un voltmètre en mode AC,
- soit utiliser un oscilloscope ou un ordinateur muni d'une interface et d'un logiciel d'acquisition pour mesurer la valeur maximale U_{max} atteinte par la tension sinusoïdale et utiliser la relation $U_{eff} = U_{max}/\sqrt{2}$

Obtenir un spectre en fréquences

Pour observer un spectre de qualité avec une bonne résolution, il est conseillé d'effectuer une acquisition avec 1 000 mesures pendant une durée représentant environ 100 périodes du signal analysé.

Activité expérimentale

1 Filtrage du son

OBJECTIF **Modifier** un son complexe à l'aide d'un filtre.

1 Étude d'un filtre passe-bas

PROTOCOLE

▶ Construire un filtre passe-bas constitué de deux conducteurs ohmiques de résistances $R_1 = R_2 = 100$ kΩ et d'un condensateur de capacité $C = 1{,}0$ nF branché à un amplificateur opérationnel alimenté en +15 V, –15 V **(Fig. 2)**.

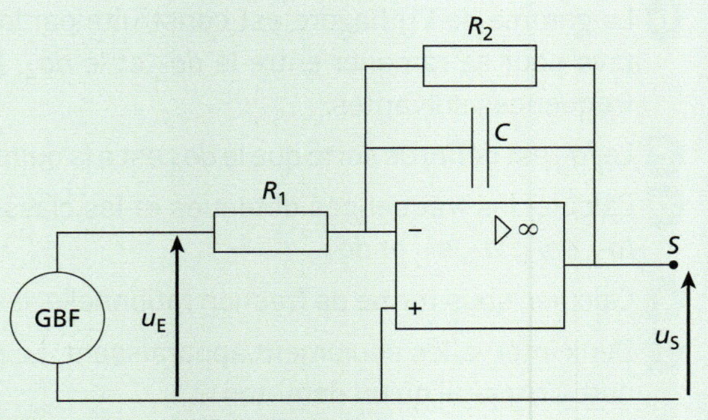

Fig. 2 Montage d'un filtre passe-bas.

- Brancher un GBF délivrant une tension sinusoïdale u_E à l'entrée du filtre.
- Brancher un voltmètre à l'entrée du filtre pour mesurer la valeur efficace U_E de la tension d'entrée u_E et un second à la sortie du filtre pour mesurer la valeur efficace U_S de la tension de sortie u_S. Méthode p. 66
- Faire varier la fréquence f du GBF tous les 200 Hz (de 200 Hz à 4 000 Hz) et pour chaque valeur de la fréquence, mesurer U_E et U_S.
- Entrer les valeurs dans un tableur et faire calculer $\log(f)$ et le gain G en décibels (dB) d'expression : $G = 20\log(U_S/U_E)$.

a Tracer le diagramme représentant G en fonction de $\log(f)$.

b Quelle est l'action de ce filtre ? Justifier son nom.

c La fréquence de coupure f_c est la fréquence pour laquelle le rapport U_S/U_E est égal à $1/\sqrt{2}$, c'est à dire la fréquence pour laquelle le gain vaut $G = -3$ dB. Déterminer graphiquement la fréquence de coupure f_c.

d L'expression théorique de cette fréquence de coupure est $f_c = \dfrac{1}{2\pi RC}$. Calculer f_c.

e Calculer l'écart relatif entre la valeur expérimentale et la valeur calculée de f_c.

f Vérifier l'homogénéité de la relation $f_c = \dfrac{1}{2\pi RC}$ sachant que la dimension de la capacité C d'uncondensateur est $[C] = [I].[T].[U]^{-1}$.

2 Utilisation du filtre

Peut-on obtenir un son pur sinusoïdal à 1,0 kHz à partir d'un signal en créneaux ?

PROTOCOLE

- Régler le GBF afin qu'il délivre un signal en créneaux avec une fréquence de 1,0 kHz.
- Brancher la sortie du GBF sur l'entrée d'une interface d'acquisition reliée à un ordinateur et brancher la sortie du filtre sur une autre entrée pour visualiser simultanément les tensions u_E et u_S.
- Utiliser le logiciel d'acquisition pour visualiser les spectres en fréquences des deux signaux. Méthode p. 66
- Relier un haut-parleur à la sortie du GBF puis à la sortie du filtre et écouter la différence de son due au filtrage.

g En analysant les représentations temporelles et les spectres en fréquences du signal en créneaux émis par le GBF et du signal filtré, indiquer de manière détaillée l'effet de ce filtre.

Activité documentaire

2 Filtrage des bruits

OBJECTIF **Éliminer** les bruits présents sur un échantillon sonore.

Un son perçu comporte souvent des « bruits » de fréquences variées pouvant provenir de diverses sources parasites. Ils rendent le message moins audible ; pour les éliminer, il faut utiliser des filtres.

a Attribuer à chaque filtre de la **figure 3** un qualificatif parmi *passe-bas*, *passe-haut*, *passe-bande*. Justifier.

b À l'aide de la **figure 4**, caractériser un bruit en fréquence et en amplitude.

Filtre	Filtre 1	Filtre 2	Filtre 3
Montage	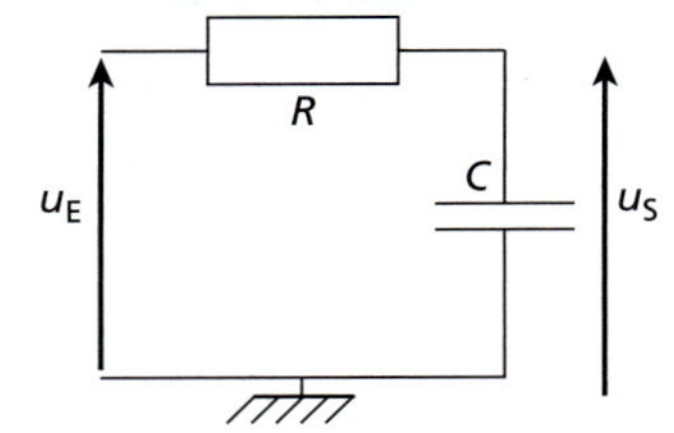	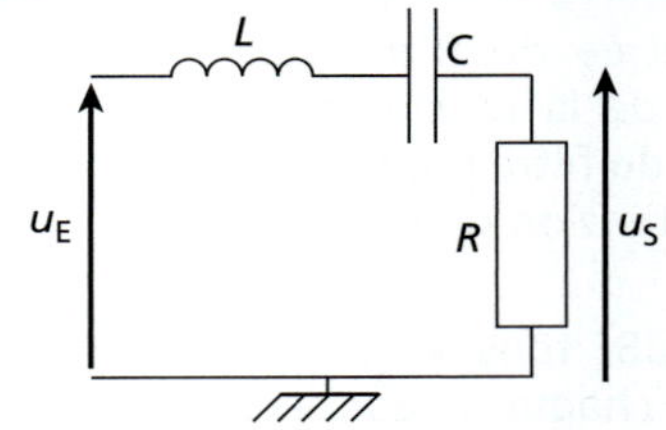	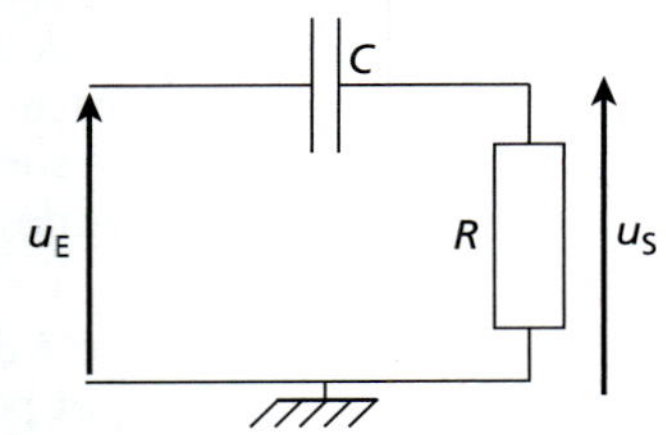
Effet	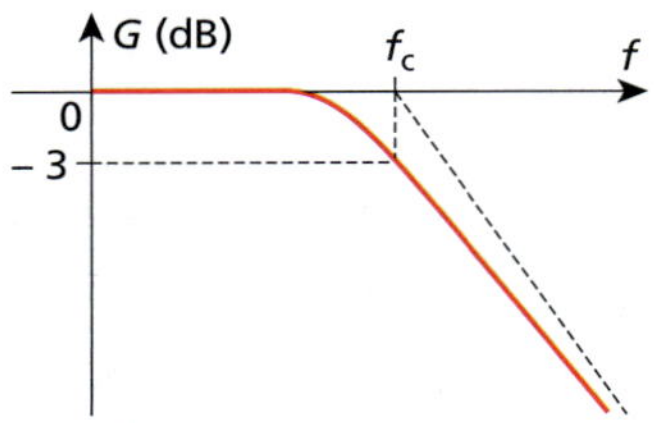	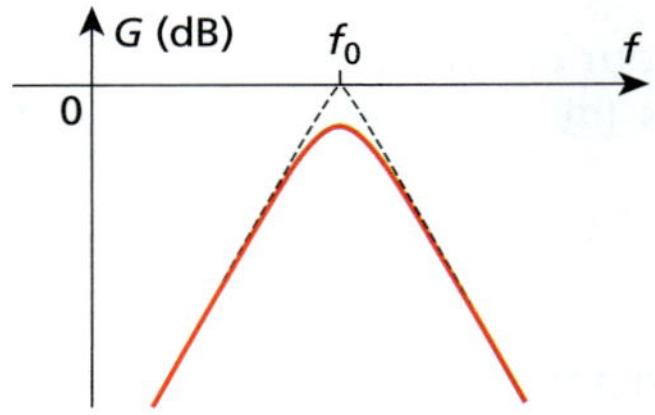	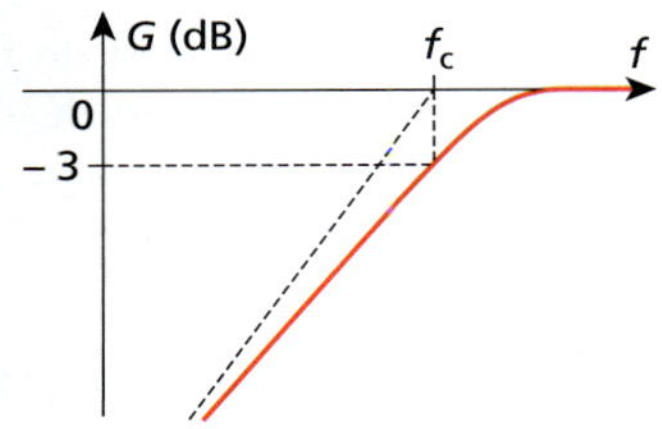
Fréquence caractéristique	$f_c = \frac{1}{2\pi RC}$	$f_0 = \frac{1}{2\pi\sqrt{LC}}$	$f_c = \frac{1}{2\pi RC}$

Fig. 3 Tableau de différents filtres.

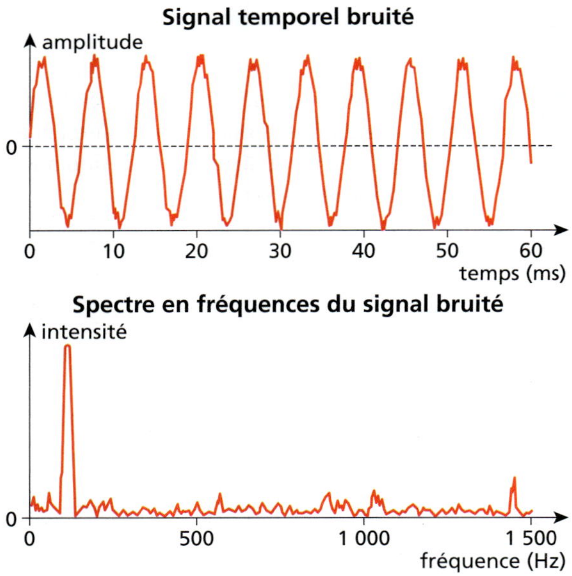

Fig. 4 Effet d'un bruit sur un signal temporel et sur son spectre en fréquence.

Résistances R	Capacités C	Inductances L
100 Ω	590 nF	1,0 mH
200 Ω	8,0 µF	20 mH
300 Ω	1,0 mF	0,50 H

Fig. 5 Tableau de composants.

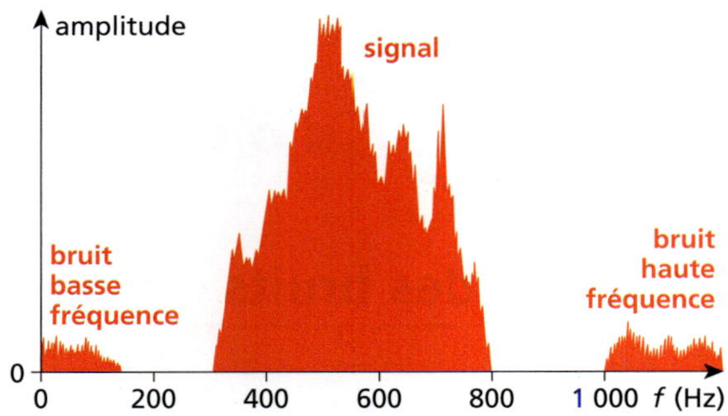

Fig. 6 Spectre en fréquence d'un signal bruité.

c Quel filtre du tableau de la **figure 3** faut-il utiliser pour éliminer ce bruit et conserver uniquement le signal sinusoïdal à 159 Hz ? Déterminer les paramètres de ce filtre et les composants à utiliser parmi ceux du tableau de la **figure 5**.

d La **figure 6** présente le spectre d'un échantillon sonore comportant des bruits. Déterminer quels filtres il faut utiliser pour les éliminer, en choisissant les composants parmi ceux de la **figure 5**.

Chapitre 5

Émetteurs et récepteurs sonores

Voix et casque sont des émetteurs sonores, oreille et microphone sont des récepteurs.

Mots clés et méthodes associées

- **Voix, acoustique physiologique** ▶ Faire le lien entre propriétés physiques et effets physiologiques.
- **Microphone, enceintes acoustiques, casque audio** ▶ Obtenir une transmission optimale du signal.
- **Reconnaissance vocale** ▶ Lire un graphe utilisant un niveau de couleur.

Mots clés

VOIX, ACOUSTIQUE PHYSIOLOGIQUE

▶ Entre les hommes et les femmes, lesquels ont les cordes vocales les plus grandes ?

Toutes les voix sont différentes et les perceptions musicales le sont tout autant.

L'acoustique physiologique concerne l'étude de la voix et de l'appareil phonatoire, ainsi que celle de l'appareil auditif.

Il s'agit de relier la physique à la physiologie, en faisant le lien entre les caractéristiques physiques du son et sa perception, entre la structure de l'appareil phonatoire et la production de l'onde acoustique, et entre la structure de l'oreille et la réception du son.

DÉFINITIONS

Un son est émis à partir d'un objet **vibrant**.

Une caisse de résonance permet de l'**amplifier**, voire de le moduler.

La **fréquence fondamentale** f du son émis par une corde tendue entre deux points fixes dépend de sa longueur L, de sa tension F et de sa masse linéique μ selon la formule : $f = \frac{1}{2L}\sqrt{\frac{F}{\mu}}$ en unités S.I.

Les ondes acoustiques de hautes fréquences sont plus vite **amorties** au cours de leur propagation dans un milieu matériel car les vibrations des molécules étant plus rapides, il y a plus de perte d'énergie acoustique par frottement sous forme de transfert thermique. Les ondes de hautes fréquences se propagent donc moins loin que les ondes de basses fréquences.

Voir Exercices
2 p. 92
8 p. 99
9 p. 100

TP bac
4 p. 90

Point méthode

Faire le lien entre propriétés physiques et effets physiologiques

Le fonctionnement du corps humain peut être compris par une analyse des propriétés physiques de chacune de ses parties et de la place qu'elle occupe. Un schéma présentant une partie du corps humain (l'appareil phonatoire, l'oreille, etc.) peut ainsi être décomposé en parties élémentaires réalisant chacune une fonction physique (ou chimique) précise. La compréhension du fonctionnement passe alors par l'étude de la fonction de chaque composant et de sa place dans le dispositif.

Activité documentaire

1 La voix

OBJECTIF : **Étudier** la production de sons dans l'appareil phonatoire.

L'appareil phonatoire humain est à la fois un instrument à vent et un instrument à cordes, comportant plusieurs zones aux fonctions différentes **(Fig. 1)**.

a Attribuer à chacune des fonctions ci-après les organes correspondants et définir en quelques mots leur rôle : *source de courant d'air ; source des vibrations sonores ; caisse de résonance*.
Méthode

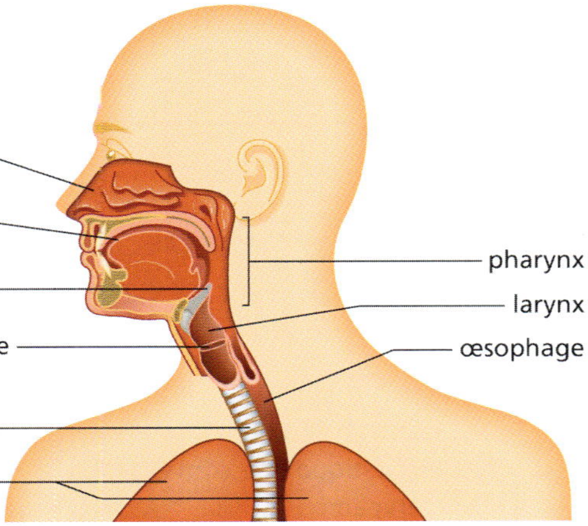

Fig. 1 Appareil phonatoire.

La tension des cordes vocales est assurée par les muscles crico-thyroïdiens (**Fig. 2** et **3**).

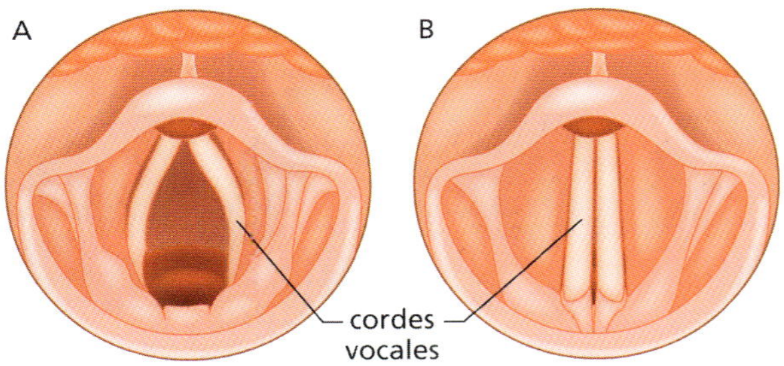

Fig. 2 Cordes voca es écartées (A) et accolées (B).

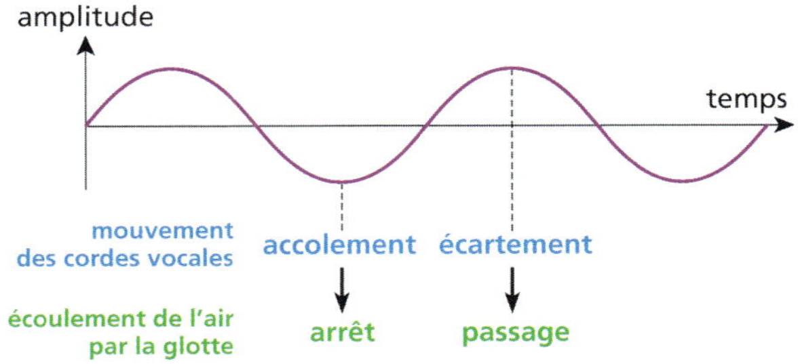

Fig. 3 Représentation du mouvement des cordes vocales.

b Quelles caractéristiques du son dépendent de l'amplitude des vibrations des cordes vocales ? de leur fréquence ?

c Formuler des hypothèses sur la manière dont une même personne peut produire différents sons, en particulier comment elle peut changer :
– la fréquence de vibration de ses cordes vocales,
– l'amplitude de vibration de ses cordes vocales,
– le timbre de sa voix.

d Entre les hommes et les femmes, lesquels ont les cordes vocales les plus grandes ? Justifier.

e Quelles parties de l'appareil phonatoire, non légendées en **figure 1**, participent à la modulation de la voix ?

Activité expérimentale

2 Les timbres de voix

OBJECTIF

Analyser les différences entre des sons chantés.

PROTOCOLE

- Brancher un microphone à une interface d'acquisition reliée à un ordinateur.
- Enregistrer les signaux sonores des voyelles *a*, *e*, *i*, *o*, *u*, *é*, *è*, *in*, *un*, chantées à la même hauteur.
- Avec le logiciel d'acquisition, visualiser le signal temporel puis le spectre en fréquences de chaque son.
- Faire chanter le même son par des personnes différentes.

a Noter les fréquences des premiers pics de chaque spectre.

b Comparer les signaux temporels et les spectres en fréquences et indiquer les similitudes et les différences entre les sons chantés.

c La fréquence de vibration des cordes vocales change-t-elle en fonction de la voyelle ?

d Quelles parties de l'appareil phonatoire sont responsables des différences entre les voyelles ?

e Quelles différences apparaissent lorsque le même son est chanté à la même hauteur :
– par une fille et par un garçon ?
– par deux personnes de même sexe ?
– doucement puis fortement ?

3 L'oreille

OBJECTIF **Comprendre** les fonctions des différentes parties de l'oreille et les conséquences de la destruction des cellules ciliées de la cochlée.

1 La constitution de l'oreille

L'oreille est l'organe de l'audition qui nous permet d'entendre les bruits environnants, de communiquer avec d'autres personnes, d'apprécier la musique et de nous aider à nous orienter dans l'espace.

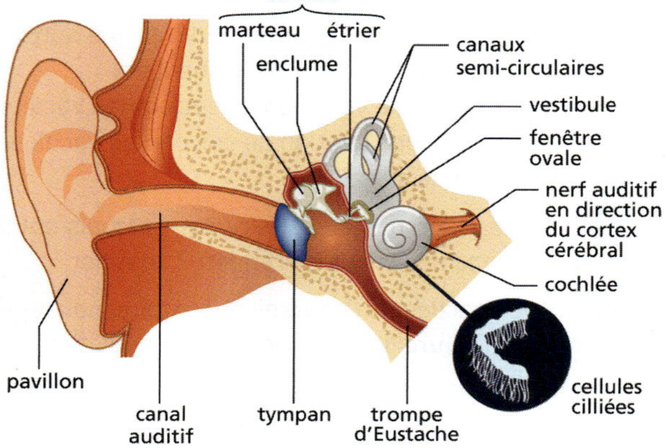

Fig. 4 Constitution de l'oreille.

a Associer à chaque description ci-dessous une partie de l'oreille représentée sur la **figure 4**.
Méthode p. 71
- Membrane vibrant sous l'action des ondes acoustiques dans l'air.
- Partie cartilagineuse souple qui collecte les sons.
- Fibres nerveuses (environ 50 000) conduisant l'information au cerveau sous forme de signaux électriques à la vitesse de 5 m.s^{-1}.
- Membrane qui transforme la vibration de l'étrier en onde sonore dans un liquide.
- Tuyau externe conduisant le son.
- Amplificateur mécanique de vibration.
- Cavité remplie d'un liquide et tapissée de cellules bougeant au passage d'une onde.

b Estimer la durée qu'il faut au signal électrique pour parcourir les 10 cm du nerf auditif qui séparent la cochlée du cortex cérébral.

2 La cochlée

La cochlée est l'organe en forme de coquille d'escargot où l'onde acoustique est convertie en signal électrique envoyé au cerveau.

Une exposition prolongée à des bruits de fortes amplitudes (à partir de 85 dB) peut endommager l'oreille de manière irréversible et provoquer des surdités. Les lésions de l'oreille ont souvent lieu au niveau des cellules ciliées de la cochlée, cellules qui permettent de percevoir les différentes fréquences sonores **(Fig. 5)**.

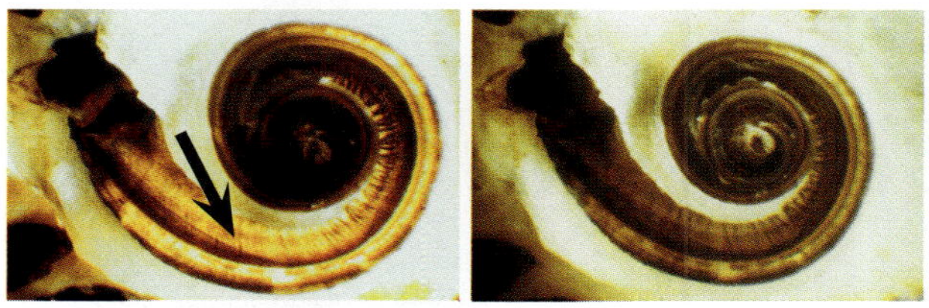

Fig. 5 À gauche : cellules ciliées endommagées dans la cochlée (flèche).
À droite : cochlée normale.

c À l'aide de la partie **Définitions** p. 70, justifier que les fréquences élevées (supérieures à 5 kHz) soient perçues par les cellules ciliées situées à l'entrée de la cochlée.

d En déduire les premières fréquences sonores à ne plus être audibles après détérioration de la cochlée.

e Le niveau moyen autorisé est limité à 100 dB pour les baladeurs et à 105 dB pour les discothèques. Cela signifie-t-il que ces niveaux soient sans danger ? Justifier d'après le texte.

f À l'aide d'une recherche documentaire, indiquer les différents moyens utilisés pour pallier les problèmes de surdité liés à la cochlée.

Mots clés MICROPHONE, ENCEINTES ACOUSTIQUES, CASQUE AUDIO

▶ **Qu'est-ce que la bande passante d'un microphone ou d'un haut-parleur ? Comment choisir un casque audio ?**

Lors d'un concert, plusieurs dispositifs sont utilisés : **microphone** pour le chanteur, **enceintes** pour les spectateurs, **casque audio** pour l'ingénieur du son…
Ces dispositifs sont des **transducteurs électroacoustiques**.

DÉFINITIONS

Les **transducteurs électroacoustiques** convertissent de l'énergie acoustique en énergie électrique ou l'inverse. Un **microphone** est un émetteur de signal électrique. Un **casque audio** ainsi qu'une **enceinte** sont des récepteurs de signal électrique.

Voir Exercices 2 p. 92
TP bac 3 p. 89

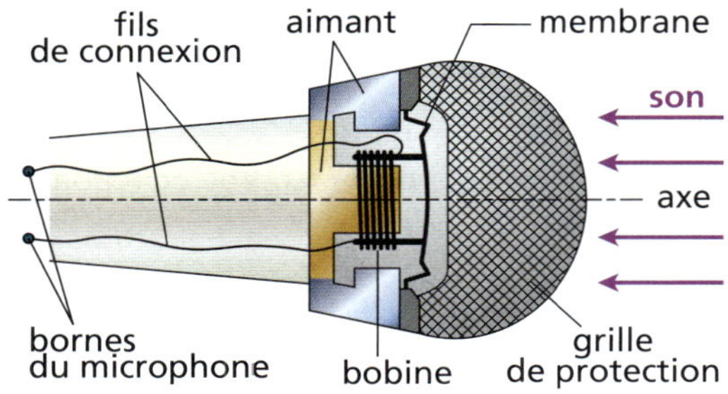

Fig. 1 Schéma en coupe d'un microphone.

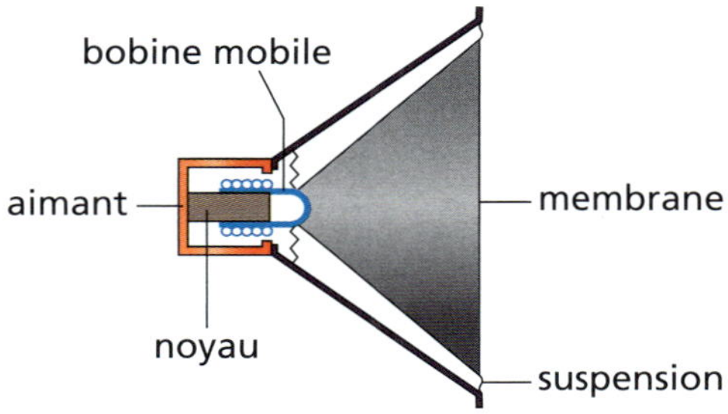

Fig. 2 Schéma en coupe d'un haut-parleur.

Un haut-parleur ne convertit pas toute l'énergie électrique reçue en énergie acoustique. Il existe une fréquence à laquelle le niveau sonore émis est maximal. L'intervalle de fréquences où le niveau sonore émis est supérieur au niveau maximal moins 3 dB est appelé **bande passante** du haut-parleur. Elle est dite **linéaire** si le niveau émis est indépendant de la fréquence à l'intérieur de la bande passante.

Type de haut-parleur	Subwoofer	Woofer (ou boomer)	Médium	Tweeter
Bande passante	[0 Hz – 80 Hz]	[20 Hz – 500 Hz]	[500 Hz – 3 000 Hz]	[2 000 Hz – 20 000 Hz]

Fig. 3 Bandes passantes approximatives de différents types de haut-parleurs.

Point méthode

Obtenir une transmission optimale du signal

Pour obtenir une transmission optimale du signal entre un émetteur et un récepteur de signal électrique, il est nécessaire de réaliser une adaptation d'impédance. Si l'émetteur est modélisé par une source de tension associée à un conducteur ohmique de résistance R_S (appelée impédance de sortie) et le récepteur par un conducteur ohmique de résistance R_E (appelée impédance d'entrée), il suffit, pour adapter l'impédance, de choisir $R_S = R_E$.

Étude mathématique d'une relation physique

Plutôt que d'étudier l'influence conjointe de R_E et R_S dans le rapport $R_E/(R_E + R_S)$ en examinant chacune des valeurs des deux grandeurs, il est possible de poser $x = R_S/R_E$ et d'étudier alors la fonction d'équation $f(x) = 1/(1 + x)$. Ainsi, les calculs sont simplifiés et l'influence du rapport R_S/R_E est mise en évidence.

1 Bandes passantes d'un haut-parleur et d'un microphone

OBJECTIF

Étudier le comportement fréquentiel de transducteurs électroacoustiques.

1 Bande passante d'un haut-parleur

PROTOCOLE

▶ Réaliser le montage de la **figure 4**. Le GBF délivre une tension sinusoïdale de fréquence f variable et de tension efficace $U = 1{,}0$ V.

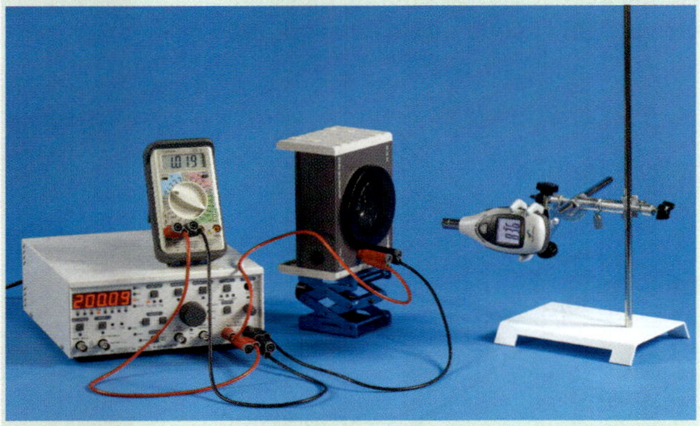

Fig. 4 Dispositif d'étude du haut-parleur.

▶ Pour des fréquences comprises entre 40 Hz et 8 kHz, noter la valeur du niveau sonore L mesuré, en veillant à maintenir U constante.

▶ Tracer L en fonction de f (courbe de réponse du haut-parleur).

a Déterminer graphiquement la bande passante du haut-parleur. Est-elle linéaire ?

b Quel est le type de ce haut-parleur ?

c Pour avoir un haut-parleur de bonne qualité, comment doit-être sa bande passante ? Expliquer.

2 Bande passante d'un microphone

PROTOCOLE

▶ Ajouter au montage précédent un microphone accolé au sonomètre et branché sur un deuxième voltmètre mesurant la tension efficace qu'il délivre. **(Fig. 5)**

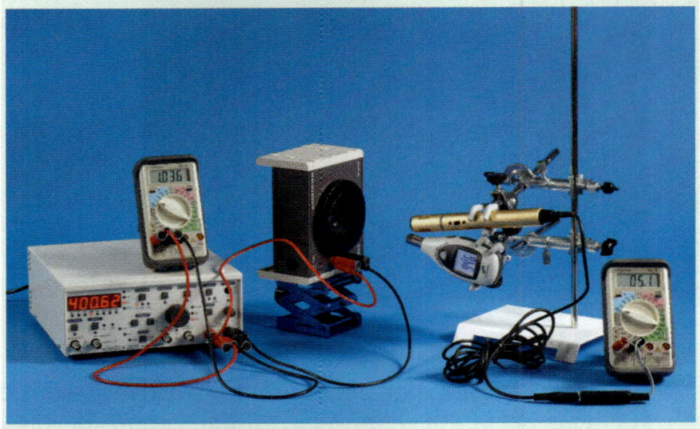

Fig. 5 Dispositif d'étude du microphone.

▶ Faire varier f et, pour chaque mesure, régler l'amplitude du GBF pour que le niveau sonore reçu soit toujours le même. Mesurer à chaque fois la tension U_{mic} aux bornes du microphone.

▶ Tracer U_{mic} en fonction de f (courbe de réponse du microphone).

d Pourquoi ne pas placer le microphone accolé au haut-parleur ?

e Justifier que les mesures doivent être faites à niveau sonore constant.

f Déterminer la valeur maximale U_{max} délivrée par le microphone et la fréquence associée.

g La bande passante d'un microphone est déterminée ici comme l'intervalle de fréquence pour lequel $U_{mic} \geq \dfrac{U_{max}}{\sqrt{2}}$.

Déterminer la bande passante du microphone.

h Quelle propriété doit-avoir la bande passante d'un microphone de bonne qualité ?

3 Transduction électroacoustique

À l'aide d'expériences que vous aurez schématisées puis réalisées, montrez qu'un haut-parleur peut être utilisé comme microphone et réciproquement.

2 Les enceintes

OBJECTIF

Comprendre le rôle d'une enceinte.

DOC 1 *Haut-parleur et basses fréquences*

Le son délivré par un haut-parleur seul délivre très peu de basses fréquences. En effet, les faces avant et arrière du haut-parleur créent toutes deux des ondes sonores en opposition de phase. Le son résultant est alors très faible car la différence de marche entre les ondes émises par les faces avant et arrière est faible par rapport à la longueur d'onde du son émis. Il est donc nécessaire d'éviter l'atténuation due à l'onde arrière de la membrane.

a À l'aide de vos connaissances sur les interférences, rédiger un texte expliquant pourquoi le son délivré par un haut-parleur seul est très faible pour les basses fréquences. Il sera accompagné de schémas.

DOC 2 *Utilisation d'un baffle*

Une première réponse à ce problème est d'utiliser un baffle, c'est-à-dire d'insérer le haut-parleur dans un écran circulaire plan de diamètre D, afin de retarder l'arrivée de l'onde émise par la face arrière comme l'explique la **figure 6**.

Fig. 6 Les trajets du son avec un baffle.

b Pour un récepteur se trouvant très loin de l'écran, expliquer pourquoi la différence de marche est environ égale à D.

c Déterminer la valeur minimale de D permettant d'éviter le problème d'interférence destructive pour les sons audibles de basses fréquences. Discuter de la faisabilité du dispositif.

d Expliquer pourquoi des baffles peuvent suffire pour l'écoute de sons issus d'un haut-parleur tweeter.

DOC 3 *Enceintes closes ou non*

L'utilisation d'enceintes s'avère nécessaire pour l'écoute de sons de basses fréquences. Deux types d'enceintes sont présentés sur la **figure 7**.

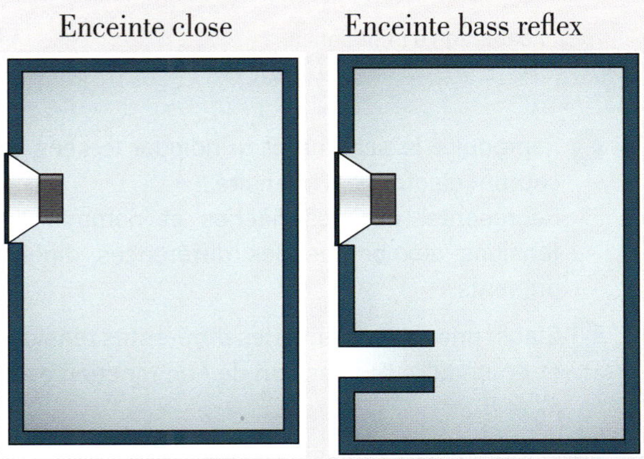

Fig. 7 Deux types d'enceintes.

e À l'aide des réponses précédentes, rédiger un texte d'une vingtaine de lignes expliquant le principe de fonctionnement de chacune de ces enceintes en dégageant leurs intérêts respectifs. Le texte sera associé de schémas décrivant les trajets des ondes acoustiques.

3 Comment choisir un casque audio ?

OBJECTIF

Montrer l'importance de l'adaptation d'impédance.

1 L'adaptation d'impédance

La **figure 8** modélise l'association d'un générateur émetteur d'un signal électrique, caractérisé par sa force électromotrice E et sa résistance de sortie R_S, avec un dipôle récepteur (au sens électrique), caractérisé par sa résistance R_E.

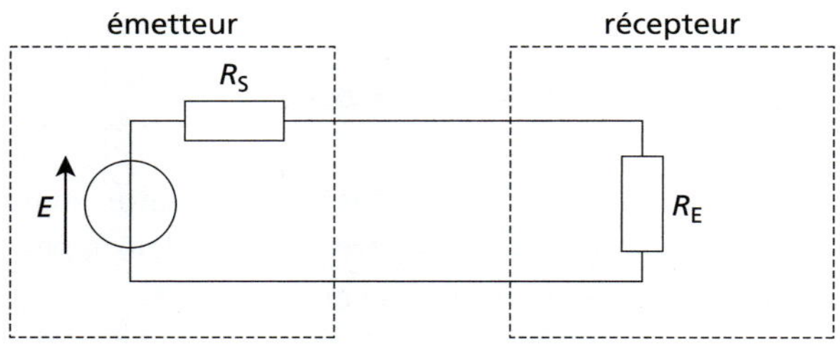

Fig. 8 Adaptation d'impédance.

a Reproduire le schéma et y indiquer le sens du courant électrique d'intensité I.
Représenter par des flèches et nommer les tensions aux bornes des différences dipôles présents.

b Établir une relation entre les différentes tensions et en déduire l'expression de I en fonction de E, R_S et R_E.

c Montrer que l'expression de la puissance P reçue par le conducteur ohmique de résistance R_E modélisant le dipôle de sortie peut se mettre sous la forme $P = \frac{E^2}{R_S} \frac{\frac{R_E}{R_S}}{\left(1 + \frac{R_E}{R_S}\right)^2}$.

d En étudiant les variations de P lorsque le rapport $\frac{R_E}{R_S}$ varie, montrer que la puissance reçue par le dipôle de résistance R_E est maximale quand $R_E = R_S$. Il sera judicieux d'étudier les variations de la fonction $f(x) = \frac{x}{(1+x)^2}$.

e Après avoir montré que la puissance P' fournie par l'émetteur vaut $P' = \frac{E^2}{R_E + R_S}$, montrer que le récepteur ne reçoit au mieux que la moitié de cette puissance. Expliquer ce qu'il advient de la puissance restante.

2 Comment adapter un casque à un lecteur mp3 ?

Différents modèles de casques audio sont disponibles pour écouter de la musique sur un lecteur mp3. L'impédance de sortie du lecteur mp3 vaut 32 Ω.

Casque audio	Modèle A	Modèle B	Modèle C	Modèle D
Impédance d'entrée (en Ω)	40	250	30	30
Bande passante (en Hz)	10 – 22 000	10 - 25 000	15 - 21 000	30 - 21 000

f Expliquer le choix le plus judicieux.
Méthode p. 73

g Expliquer quels défauts présenteront les trois casques non choisis.

Mot clé

RECONNAISSANCE VOCALE

▶ **Comment transformer la voix en un signal numérique exploitable ?**

La reconnaissance vocale est une technique permettant d'analyser une parole et de la retranscrire sous une forme exploitable par une machine. Qu'il s'agisse d'une application de dictée vocale sur un ordinateur ou d'un serveur vocal, la reconnaissance vocale permettrait un confort et une efficacité de travail sans précédent si, toutefois, elle ne présentait pas encore quelques défauts dus notamment à la complexité du traitement de la voix humaine.

DÉFINITIONS

Un **spectrogramme** est une représentation tridimensionnelle de la parole. De façon générale, la dimension verticale indique la composition en fréquence des sons. Le temps est représenté sur l'axe horizontal. Enfin, le niveau sonore est matérialisé par un niveau de couleur : plus le niveau sonore est élevé, plus le spectrogramme est foncé **(Fig. 1)**.

Chaque voyelle possède son propre timbre caractérisé par la présence de deux ou trois formants. Chaque **formant** correspond à un maximum de niveau sonore obtenu pour une fréquence précise (fréquence de résonance des cavités buccales intervenant dans la prononciation de la voyelle).

Voir Exercices 9 p. 100 4 p. 90

Point méthode

Lire un graphe utilisant un niveau de couleur

Pour pouvoir représenter un graphe tridimensionnel sur une feuille, l'utilisation d'un niveau de couleur s'impose pour représenter l'évolution de la troisième grandeur. Selon la teinte représentée sur le graphe, la grandeur évaluée est plus ou moins élevée.

Activité expérimentale

1 Tentative de reconnaissance vocale

OBJECTIF **Comprendre** certaines contraintes rencontrées lors de la mise en place d'une reconnaissance vocale.

L'analyse temporelle d'un son vocal permet *a priori* la reconnaissance vocale.

PROTOCOLE

- ▶ À l'aide d'un microphone relié à une interface d'acquisition, enregistrer des phrases vocales prononcées très distinctement, telles que « ma-ta-ma-ta », « pi-ta-ka-pi-ta-ka », « mion-mion-mion »...
- ▶ Visualiser les signaux temporels correspondants.
- ▶ Faire des zooms pour visualiser chacune des syllabes de manière à pouvoir les comparer. Imprimer les courbes des signaux typiques.
- ▶ Prononcer les mots suivants : « maman », « camion », « tapis » et enregistrer deux fois les signaux temporels correspondants.

a Évaluer la proportion de silence dans les signaux. Est-elle conforme à l'impression perçue ?

b Distinguer dans chaque syllabe la partie associée à la voyelle de celle associée à la consonne. Laquelle est la plus facile à reconnaître ? Proposer une explication.

c Identifier sur les courbes chacun des sons prononcés (t, m, i, a, etc.).

d Comparer les signaux correspondant aux mots issus des phrases vocales afin de reconnaître les syllabes prononcées.

e Comparer les deux signaux temporels obtenus pour un même mot.

f Présenter les contraintes rencontrées lors d'une reconnaissance vocale.

Activité documentaire

2 Étude d'un spectrogramme

OBJECTIF **Comprendre** l'usage du spectrogramme pour la reconnaissance vocale.

Les logiciels de reconnaissance vocale utilisent une analyse spectrale du signal numérique associé au son.

Le spectrogramme d'un mot **(Fig. 1)** est comparé à une table de formants **(Fig. 2)**.

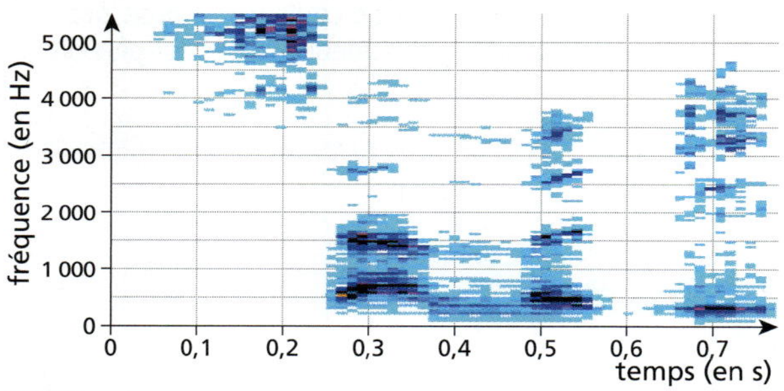

Fig. 1 Spectrogramme d'un mot.

Le premier formant (F_1) est déterminé par la position de la mandibule, le deuxième (F_2) par celle de la langue et des lèvres et le troisième (F_3) par celle des lèvres.

formant	[a] *a*	[i] *i*	[o] *o*	[y] *u*	[ø] *eu*
F_1 (Hz)	680	360	420	350	380
F_2 (Hz)	1 300	2 680	850	1 750	1 420
F_3 (Hz)	2 600	3 000	2 240	2 120	2 230

Fig. 2 Formants moyens de quelques voyelles françaises.

a Expliquer pourquoi une conversion analogique-numérique doit être réalisée.

b Déterminer les fréquences des formants aux dates $t = 0,3$ s, $t = 0,5$ s et $t = 0,7$ s.

c En déduire les voyelles correspondantes **(Fig. 2)**.

Il existe plusieurs types de consonnes réparties en trois groupes : les fricatives, les occlusives et les vocaliques. Lors de la prononciation d'une occlusive (*b, p, d, g*...), le conduit phonatoire est brièvement fermé, un silence est donc visible. Le son engendré par une fricative (*s, f, v*...) est turbulent et riche en hautes fréquences. Les vocaliques (*r, l, m, n* ...) ont une structure formantique.

d Justifier que les trois consonnes appartenant au mot prononcé peuvent être m, s et d.

e En déduire le mot prononcé.

Enfin, il faut que l'ordinateur reconnaisse le mot prononcé dans son dictionnaire.

f Justifier qu'il est nécessaire de procéder à plusieurs enregistrements avant d'utiliser un logiciel de reconnaissance vocale.

g Énoncer les difficultés rencontrées lorsque le logiciel retranscrit ce qui a été dit.

Chapitre 6

Son et architecture

Opéra de Sydney

Mots clés et méthodes associées

- **Auditorium, salle sourde, réverbération** ▶ Relier des choix architecturaux à des grandeurs physiques.
- **Isolation phonique** ▶ Lecture d'un graphe complexe.
- **Acoustique active**

Mots clés

AUDITORIUM, SALLE SOURDE, RÉVERBÉRATION

Fig. 1 Salle de la Philharmonie de Berlin.

▶ Comment les architectes conçoivent-ils les salles de concert ?

Un son n'est pas perçu de la même manière selon qu'il est émis dans un auditorium, une église, un studio d'enregistrement ou sous la douche. L'architecture des salles de concert doit contribuer au rendu des sensations voulues par le compositeur de la musique, notamment la **clarté** du son. Ainsi, l'**absorption** des matériaux utilisés influe sur ces perceptions, déterminant notamment le **temps de réverbération** de la salle.

DÉFINITIONS

Voir Exercices 10 p. 101

Après l'émission d'un son bref dans une salle, l'auditeur reçoit :

- le **son direct**, se propageant directement jusqu'à lui ;
- les **réflexions précoces**, ondes réfléchies parvenant dans les 100 ms ;
- le **champ diffus**, perçu en dernier, issu de multiples réflexions sur les parois de la salle. Il est homogène dans la salle.

La **clarté** d'un son est surtout due au son direct et aux réflexions précoces perçues dans les 80 ms. Les réflexions précoces restantes et le champ diffus sont assez indésirables lorsque la source produit des sons variant rapidement (discours, musique à tempo rapide…) et souhaités dans le cas contraire (musique à tempo lent).

L'**absorption** A_i d'une paroi de surface S_i (en m²) réalisée dans un matériau i est $A_i = \alpha_i S_i$, (α_i : **coefficient d'absorption** du matériau, nombre sans unité compris entre 0 et 1). L'absorption d'une salle est la somme des absorptions de chacune des parois la composant : $A = \sum_i A_i = \sum_i \alpha_i S_i$.

Le **temps de réverbération** d'une salle, noté TR et exprimé en secondes, est la durée nécessaire pour que le niveau sonore du son réverbéré décroisse de 60 dB dans la salle après extinction de la source. Pour une salle de volume V (en m³) et d'absorption A (en m²), il est donné par la formule proposée par Wallace Clement Sabine : $\text{TR} = \frac{0{,}16\,V}{A}$ où le coefficient 0,16 a une unité.

Pour de la musique symphonique jouée dans une salle moyenne (10 000 m³ soit 2 000 places environ), le temps de réverbération optimal vaut 1,6 s.

Point méthode

Relier des choix architecturaux à des grandeurs physiques

Le lien entre des grandeurs simples (caractéristique physique d'un matériau, longueur d'une salle) et la qualité du son perçu est fait par une succession d'implications élémentaires de la forme :

Choix du matériau ▶ coefficient d'absorption ▶ absorption de la salle ▶ temps de réverbération ▶ perception acoustique.

1 Acoustique architecturale

OBJECTIF
Relier les choix architecturaux à l'utilisation acoustique d'une salle.

DOC 1 *Salle de la Philharmonie de Berlin*

La salle de la Philharmonie de Berlin **(Fig. 1)** est une salle dite en vignoble, où le public entoure l'orchestre. Le projet initial prévoyait un auditorium rond avec un plafond en forme de coupole. Ceci aurait engendré une mauvaise répartition de l'énergie acoustique dans la salle. Pour éviter ce problème, plusieurs améliorations architecturales ont été proposées : formes convexes, toit en forme de tente, etc. Par ailleurs, la position centrale de la scène et l'absence de balcons ne permettent pas la perception d'un son clair pour tous les spectateurs. Ainsi, de grands pans de murs en terrasses décalées ont été mis en place, permettant de réduire le temps de réverbération de la salle et de créer des réflexions acoustiques supplémentaires.

a Rédiger un texte de synthèse expliquant quelles conséquences ont les choix architecturaux faits, pour la salle de la **figure 1**, sur la qualité du son perçu par les spectateurs.

Le texte insistera notamment sur les problèmes acoustiques qu'aurait engendrés une salle hémisphérique avec une scène centrale, ainsi que sur le rôle de chacune des améliorations architecturales proposées. Méthode p. 80

DOC 2 *Le Symphony Hall de Boston*

Le Symphony Hall de Boston, inauguré en 1900, fut le premier auditorium dont l'acoustique a été théoriquement étudiée. Les planchers sont en bois ; plafond, balcons et murs sont en briques, acier et plâtre **(Fig. 2)**. Les sièges, quant à eux, sont en cuir. Ces choix architecturaux permettent d'obtenir un temps de réverbération de 1,9 s pour une fréquence de 1 kHz.

	Fréquence		
	250 Hz	500 Hz	1 000 Hz
Parquet	0,15	0,12	0,1
Brique	0,02	0,03	0,04
Sièges en cuir	0,40	0,52	0,55
Sièges capitonnés perforés	0,65	0,75	0,85
Personne assise	0,75	0,9	0,95
Mousse mélamine	0,89	0,82	1,0

Fig. 2 Différents coefficients d'absorption en fonction de la fréquence du son émis.

b Établir la liste des matériaux utilisés dans la construction du Symphony Hall qui favorisent la réverbération puis celle de ceux qui la résorbent.

c Il est nécessaire qu'une salle ait les mêmes propriétés acoustiques quel que soit le nombre de spectateurs. En utilisant les données de l'énoncé, proposer une solution à ce problème.

DOC 3 *La chambre sourde*

Une chambre sourde, ou chambre anéchoïque acoustique, est une pièce dans laquelle les ondes sonores sont très rapidement absorbées. Les parois sont recouvertes de mousse mélamine ou de laine de verre **(Fig. 3)**.

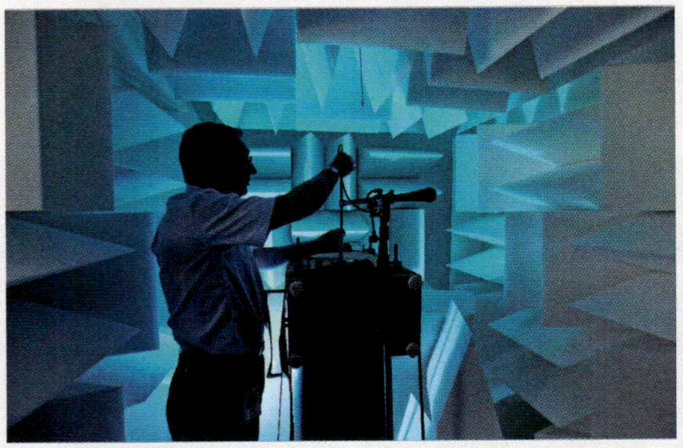

Fig. 3 Essai d'un microphone dans une chambre anéchoïque.

d Expliquer l'intérêt d'utiliser des dièdres de mousse mélamine dans une chambre sourde. Pour cela, effectuer des calculs de TR à deux fréquences différentes, dans une salle de 4 m de haut et de large, de 15 m de long avec :
- du parquet au sol et des briques au plafond et sur les parois ;
- sol, parois et plafond simplement couverts de mousse mélamine ;
- sol, paroi et plafond recouverts de 3 000 dièdres de mousse mélamine dont la surface exposée vaut 1 m².

e En utilisant la **figure 3**, proposer différentes utilisations d'une chambre sourde.

f Rédiger une synthèse expliquant les liens entre les choix de matériaux composant une salle et les caractéristiques acoustiques de cette salle. Le texte n'excédera pas une demi-page et s'appuiera notamment sur des données concernant le Symphony Hall et la chambre sourde.

Activité expérimentale

3 Mesure de coefficients d'absorption

OBJECTIF

Mesurer le coefficient d'absorption de matériaux à l'aide d'un tube de Kundt.

Un tube de Kundt est un tuyau cylindrique aux parois rigides, dont l'une des extrémités est fermée par un haut-parleur. L'autre extrémité est fermée par le matériau à étudier (mousse, bois, métal, carton…).

Un microphone fixé sur une tige mobile peut se déplacer dans le tube. Il fournit une tension électrique dépendant de la pression acoustique. En notant U_V la tension mesurée sur un ventre de pression (amplitude maximale) et U_N la tension mesurée sur nœud de pression (amplitude minimale), le coefficient d'absorption α du matériau absorbant fermant le tube de Kundt vérifie :

$$\alpha = 1 - \left(\frac{U_V - U_N}{U_V + U_N}\right)^2$$

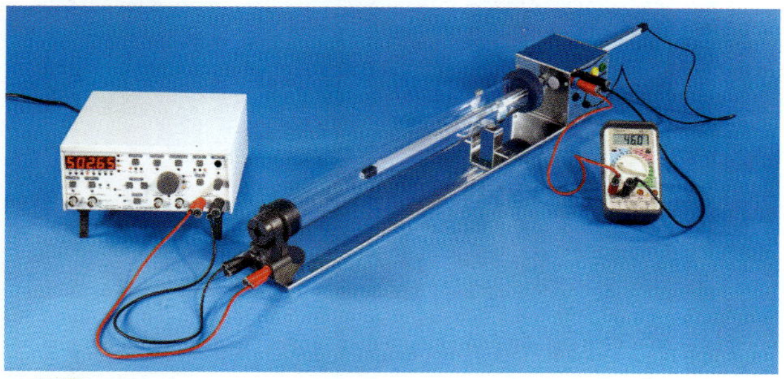

Fig. 4 Tube de Kundt.

PROTOCOLE

- Les ondes sonores sont générées à l'aide d'un GBF directement relié au haut-parleur du tube de Kundt. Régler le GBF de manière à ce qu'il délivre un signal sinusoïdal d'amplitude voisine de 0,5 V. Mesurer grâce à un voltmètre la tension aux bornes du microphone.
- Pour chaque matériau étudié, déplacer le microphone dans le tube et mesurer U_V et U_N, pour les fréquences de 0,50 kHz ; 1,0 kHz ; 2,0 kHz ; 4,0 kHz et 8,0 kHz.

a Dans un tableau, présenter les valeurs des coefficients d'absorption des matériaux étudiés en fonction de la fréquence.

b Lequel de ces matériaux faut-il utiliser préférentiellement pour diminuer le temps de réverbération d'une salle ? Justifier et envisager les contraintes, autres qu'acoustiques, qui déterminent également le choix. Méthode p. 80

Mot clé ISOLATION PHONIQUE

▶ Comment isoler phoniquement un logement ? Pourquoi perçoit-on mieux les voix graves que les voix aiguës au travers d'une paroi ?

Un logement situé au-dessus d'un bar, dans une rue bruyante ou entouré par des voisins musiciens, doit avoir une isolation phonique parfaite. Pour prévoir le **couplage acoustique** entre une salle et son entourage, les acousticiens et architectes utilisent des **indices d'affaiblissement**.

DÉFINITIONS

L'**indice d'affaiblissement** R d'une paroi est la différence entre le niveau sonore incident et le niveau sonore transmis par la paroi. R s'exprime en dB. L'indice d'affaiblissement total de parois superposées est égal à la somme des indices d'affaiblissement de chacune des parois.

Il y a **couplage acoustique** entre deux salles lorsqu'une salle réceptrice reçoit de l'énergie sonore d'une salle émettrice. La différence entre le niveau sonore dans la salle émettrice et le niveau sonore dans la salle réceptrice s'appelle **indice d'affaiblissement brut** D (mesuré en dB). Plus cet indice est élevé, meilleure est l'isolation phonique.

$$D = R + 10 \log \left(\frac{A}{S}\right)$$

R : indice d'affaiblissement de la paroi de surface S (en m²).
A : absorption de la salle réceptrice (en m²), *cf.* p. 82.

Point méthode

Lecture d'un graphe complexe

Un graphe peut présenter l'évolution d'une grandeur en fonction de deux paramètres **(Fig. 1)**. Ainsi, pour un son de fréquence égale à 520 Hz, l'indice d'affaiblissement d'une paroi en briques pleines de 11 cm d'épaisseur vaut 45 dB.

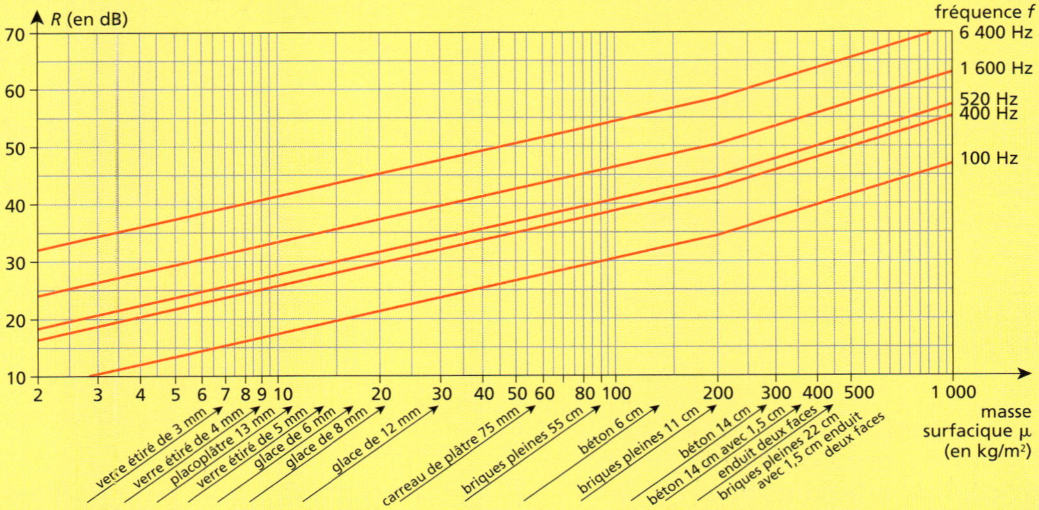

Fig. 1 Indices d'affaiblissement en fonction de la masse surfacique de la paroi et de la fréquence du son incident.

Activité documentaire

1 Étude de différents matériaux isolants

OBJECTIF

Étudier les paramètres dont dépend l'indice d'affaiblissement d'une paroi.

a En évaluant la longueur d'onde d'une onde sonore de 400 Hz, justifier l'emploi de la masse surfacique plutôt que de la masse volumique comme paramètre d'influence de la valeur de R. Ce raisonnement est-il encore valable à 5 kHz ?

b Pourquoi R augmente-t-il avec μ **(Fig. 1)** ?

c Pour une paroi dont la masse surfacique μ est inférieure à 100 kg.m^{-2}, l'indice d'affaiblissement R est donné par :

$R = 20 \log(\mu f) - 47$ dB (μ en kg.m^{-2}).

– Montrer qu'un doublement de f ou μ engendre une augmentation de R de 6 dB.

– Ces résultats sont-ils vérifiés sur la **figure 1** ? Si ce n'est pas le cas, proposer une explication.

d Pour améliorer l'isolation phonique d'une pièce d'absorption $A = 40$ m^2, un habitant change la fenêtre composée d'une vitre en verre de 4 mm d'épaisseur et de surface $S = 3{,}0$ m^2. En considérant que le bruit de la rue est émis à 400 Hz, calculer la valeur de D de la pièce avec l'ancienne fenêtre.

e Proposer un texte de synthèse, expliquant et critiquant à l'aide de calculs les choix que pourrait faire le propriétaire pour améliorer l'isolation phonique de la pièce.

Activité expérimentale

2 Mesures d'indices d'affaiblissement

OBJECTIF

Comparer le comportement isolant de différents matériaux.

PROTOCOLE

- Réaliser le montage de la **figure 2** sans paroi.
- Régler le GBF pour qu'il délivre une tension sinusoïdale de fréquence $f = 100$ Hz.
- Lire sur le sonomètre le niveau sonore du son réverbéré L' dans l'enceinte seule.
- Placer la paroi isolante au milieu de l'enceinte.
- Mesurer alors le niveau sonore du son réverbéré L'.
- Pour ce même matériau, reprendre les étapes précédentes à 400 Hz puis à 1,6 kHz.
- Faire de même pour les autres matériaux.

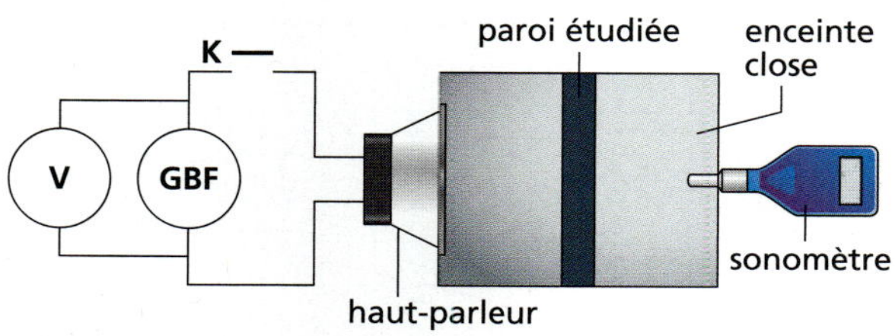

Fig. 2 Montage.

a Pour chacun des matériaux étudiés, calculer la différence de niveau sonore $L - L'$ pour chacune des fréquences. Comparer le comportement isolant de chacune des parois et observer l'influence de la fréquence de l'onde sonore incidente.

b $L - L'$ est-il l'indice d'affaiblissement brut ? l'indice d'affaiblissement ? aucune de ces deux grandeurs ? Justifier.

c Proposer et réaliser un protocole permettant de visualiser l'influence de la masse surfacique de la paroi sur la différence $L - L'$.

Mot clé

ACOUSTIQUE ACTIVE

▶ **Comment ne plus avoir le mal de mer à bord d'un avion ?**

Dans un avion, les moteurs produisent des sons et des vibrations de basses fréquences qui engendrent des désagréments chez l'être humain : des vibrations de fréquences inférieures à 2 Hz créent le mal de mer, le thorax entre en résonance autour de 5 Hz et les sons de basses fréquences engendrent une grande fatigue lors d'une écoute prolongée. L'**acoustique active** permet de réduire les intensités sonores des sons gênants de 20 à 30 dB.

DÉFINITIONS

L'**acoustique passive** regroupe l'ensemble des méthodes de traitement acoustique d'une salle sans utilisation de sources sonores supplémentaires. L'isolation acoustique passive réalisée par une paroi est d'autant meilleure que la paroi est massive et que le son incident a une haute fréquence (**Fig. 1** p. 83).

L'**isolation acoustique active** est une méthode de lutte contre le bruit reposant sur l'utilisation de sources sonores secondaires émettant des sons interférant de manière destructive avec les sons incidents.

Activité documentaire

1 Acoustique active dans un avion

OBJECTIF

Comprendre le principe de l'acoustique active.

En un point de l'espace, deux ondes sonores sinusoïdales de même fréquence f interfèrent. Si ces ondes ont la même amplitude, les pressions acoustiques associées sont $p(t) = p_0\cos(2\pi ft)$ et $p'(t) = p_0\cos(2\pi ft + \varphi)$, où φ, exprimé en radians, est le déphasage d'une onde par rapport à l'autre.

a Montrer que la superposition de ces deux ondes sonores est nulle si elles sont en opposition de phase ($\varphi = \pi$). Illustrer ceci par un schéma représentant les allures temporelles des ondes en un point.

b En réalité, les ondes sonores à atténuer par isolation acoustique active comportent de multiples fréquences et leur amplitude est variable et inconnue.
- Expliquer la présence d'un microphone et d'un système de traitement en amont de la source secondaire.
- Une fois le bruit secondaire émis, une analyse du son atténué est effectuée. Les informations sont traitées par le système de traitement. Expliquer l'intérêt de cette démarche.
- En déduire un schéma de principe d'un dispositif d'isolation acoustique active, utilisant un micro, un haut-parleur et un système de traitement.

c Rédiger un texte d'une vingtaine de lignes, expliquant l'intérêt de l'utilisation de l'isolation acoustique active dans un avion en justifiant que l'isolation passive ne soit pas utilisée.

Le mode d'emploi de cette épreuve est donné dans la ▶ Fiche méthode p. 153

1 La guitare sèche

Contexte du sujet Les guitaristes savent accorder leur instrument à l'oreille s'ils ont une note de référence. Cette note peut être donnée par un diapason ou par un appareil nommé « accordeur de guitare », fournissant les sons dont il faut reproduire la hauteur.

Le but de cette épreuve est d'utiliser un montage expérimental en vue de reproduire une des six cordes de la guitare sèche.

Documents

DOC 1 La guitare sèche

La guitare sèche classique comporte six cordes **(Fig. 1)**. Si la guitare est accordée, ces cordes, vibrant sur toute leur longueur, jouent six notes de référence mi_1, la_1, $ré_2$, sol_2, si_2 et mi_3 **(Fig. 3)**. La longueur totale de chaque corde entre le sillet et le chevalet est identique et fixée à $L = 642$ mm. Les diamètres de chaque corde et la matière les composant sont variables. La tension de chaque corde peut être réglée à l'aide de clés **(Fig. 2)**.

Fig. 1 Manche d'une guitare classique.

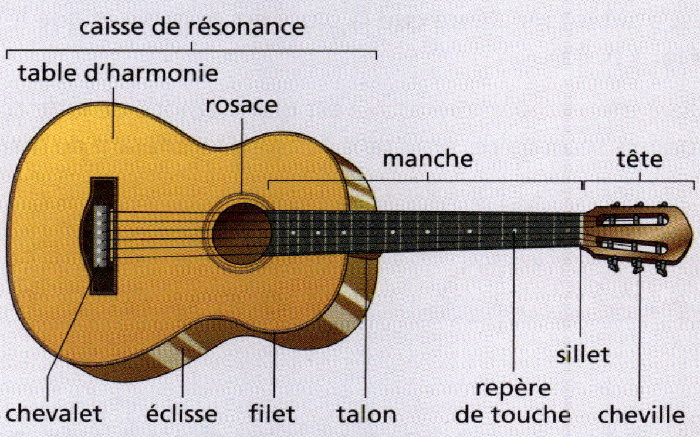

Fig. 2 Éléments d'une guitare classique.

Corde	1	2	3	4	5	6
Note jouée	mi_3	si_2	sol_2	$ré_2$	la_1	mi_1
Fréquence (Hz)	329,6	246,9	196,0	146,8	110,0	82,4

Fig. 3 Notes des six cordes d'une guitare classique accordée.

DOC 2 Matériel

- Une corde métallique, montée sur un dispositif permettant l'étude des vibrations **(Fig. 4)**. La longueur vibrante de la corde sera réglée à $L = 642$ mm. La masse linéique μ de la corde n'est pas connue.
- Un système d'acquisition relié à un ordinateur, associé à un logiciel de traitement de données.
- Un générateur basses fréquences (GBF).
- Une boîte de masses marquées allant jusqu'à 500 g.
- Un mètre ruban.
- Du papier millimétré.

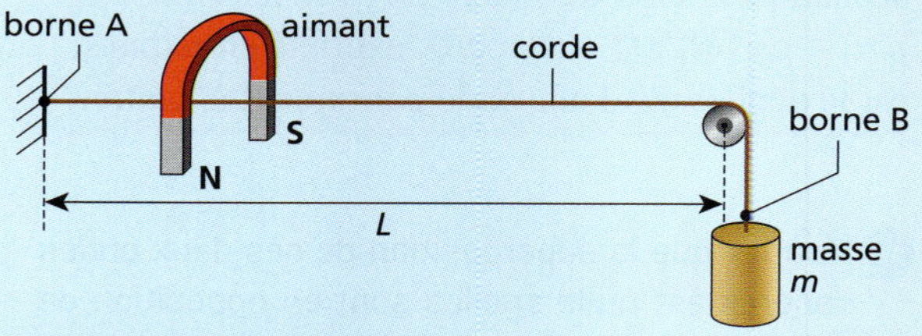

Fig. 4 Corde tendue.

DOC 3

Généralités sur les cordes vibrantes

La célérité des ondes se déplaçant sur une corde de masse linéique μ tendue avec la tension F est $v = \sqrt{\frac{F}{\mu}}$.

Les fréquences de résonance (ou fréquences propres) d'une corde tendue sont de la forme $f_n = nf_1$, où n est un entier non nul et où f_1 est la fréquence fondamentale de la corde.

La longueur d'onde associée au mode de vibration de rang n d'une corde de longueur L est $\lambda_n = \frac{2L}{n}$.

La fréquence fondamentale de vibration de la corde peut être déterminée de deux manières.

- Par oscillations libres : la corde est pincée ou frappée et le spectre de la tension entre les bornes A et B est affiché ; il fait apparaître les différentes fréquences propres de la corde.
- Par oscillations forcées : les bornes A et B sont branchées sur un GBF de fréquence ajustable et la corde vibre de manière visible pour ses fréquences de résonance.

Travail à réaliser

ANALYSER **a** Rédiger de manière détaillée un protocole expérimental permettant la détermination précise de la masse linéique μ de la corde utilisée. Ce protocole devra comprendre l'utilisation d'un graphique où une modélisation sera effectuée, par exemple à l'aide d'un tableur-grapheur. **20 min** Repère 1

▶ Appeler le professeur

RÉALISER **b** Réaliser le protocole proposé. **30 min** Repère 2

▶ Appeler le professeur

COMMUNIQUER **c** Conclure sur la possibilité de fabriquer, à l'aide du matériel mis à disposition, l'une des cordes de la guitare sèche classique. Justifier soigneusement vos affirmations. **10 min** Repère 3

Repères pour l'évaluation

1. La rédaction doit d'abord montrer le lien mathématique entre la seule grandeur ajustable du dispositif, la masse m créant la tension de la corde, et la fréquence fondamentale f_1 de la corde. Un graphe est attendu, présentant les mesures effectuées pour différentes valeurs de m, ainsi qu'une modélisation de la courbe obtenue.
2. Au moins six mesures sont attendues, effectuées de manière précise. L'aisance avec laquelle le dispositif et le logiciel sont manipulés est évaluée. Si le graphe est tracé à la main, il doit l'être sur papier millimétré et le tracé doit faire apparaître un modèle linéaire ou affine. Un modèle plus complexe peut être envisagé si le graphe est tracé à l'aide du tableur-grapheur.
3. La précision du vocabulaire utilisé dans la discussion est évaluée. Il faut justifier de la possibilité ou non de réalisation de la corde à l'aide des résultats obtenus. Pour cela, l'utilisation du graphique tracé précédemment, associée ou non à un raisonnement mathématique, est nécessaire.

Le mode d'emploi de cette épreuve est donné dans la ▶ Fiche méthode p. 153

2 Flûte : ça sonne juste ?

Contexte du sujet La flûte à bec est un instrument peu cher et simple d'utilisation, longtemps pratiqué au collège pour l'éducation musicale.
Le but de cette épreuve est de comprendre, à l'aide d'une flûte, la notion d'intervalle consonant. Pour cela, les spectres de trois notes seront enregistrés et comparés.

Documents

DOC 1 *Tablature de quelques notes jouées avec la flûte à bec*

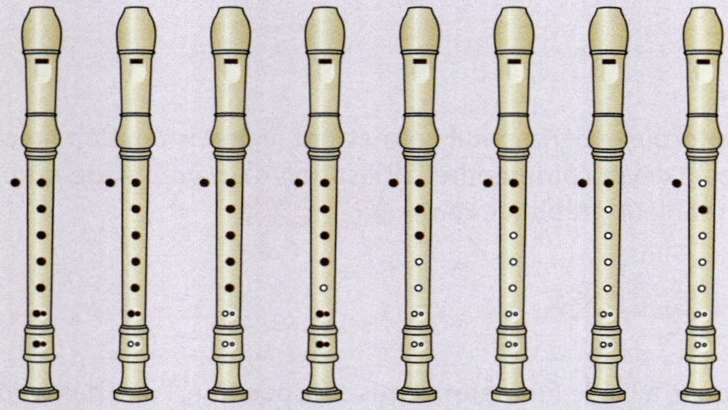

do_4 $ré_4$ mi_4 fa_4 sol_4 la_4 si_4 do_5

Les trous bouchés sont représentés en noir.

DOC 2 *Intervalles consonants*

Un **intervalle** entre deux notes est le quotient de leurs fréquences.
L'intervalle d'**octave** vaut exactement 2, l'intervalle de **quinte** vaut 3/2. Ces intervalles sont considérés comme **consonants**, c'est-à-dire agréables à l'oreille.

DOC 3 Matériel

- Une flûte à bec.
- Un microphone.
- Une interface d'acquisition reliée à un ordinateur, ainsi que le logiciel de pilotage de l'interface, dont une notice simplifiée est fournie.

Travail à réaliser

ANALYSER **a** Rédiger un protocole expérimental permettant de comparer les spectres des trois notes do_4, sol_4 et do_5 jouées à la flûte à bec. **20 min** Repère 1

▶ Appeler le professeur

RÉALISER **b** Réaliser le protocole proposé. Remarque : pour jouer les notes, ne pas placer la flûte trop loin ou trop près du micro, garder un souffle régulier et doux. **20 min** Repère 2

▶ Appeler le professeur

COMMUNIQUER **c** Vous présenterez de manière organisée les résultats de ces mesures. Vous préciserez si les fréquences des notes enregistrées mettent en évidence les intervalles d'octave et de quinte, et vous utiliserez les spectres obtenus pour formuler une hypothèse expliquant la consonance de ces intervalles. Enfin, vous critiquerez le protocole utilisé en examinant notamment la difficulté d'utiliser la flûte. **20 min**

Repères pour l'évaluation

1. Le protocole devra faire apparaître les choix de réglages du système d'acquisition (durée, nombre de points).
2. La lisibilité des spectres obtenus sera évaluée : il ne faut donc pas hésiter à faire plusieurs acquisitions pour obtenir un spectre de qualité.

ÉPREUVE BAC EXPÉRIMENTALE

Le mode d'emploi de cette épreuve est donné dans la ▸ Fiche méthode p. 153

3 Étude d'un haut-parleur

Contexte du sujet Le haut-parleur fait partie des transducteurs électromécaniques, convertissant une tension électrique en un signal mécanique : le son. L'efficacité de cette conversion dépend de la fréquence du signal. La qualité du haut-parleur dépend ainsi d'une caractéristique appelée **bande passante**. Pour être qualifié de *Hi-Fi* (haute fidélité), un appareil doit avoir une bande passante comprise entre 20 Hz et 20 kHz.
Le but de cette épreuve est de déterminer la bande passante d'un haut-parleur pour savoir s'il peut être qualifié de *Hi-Fi*.

Documents

DOC 1 *Bande passante d'un haut-parleur*

Un haut-parleur alimenté par un GBF délivrant une tension sinusoïdale d'amplitude constante ne produit pas un son de même niveau sonore à toute fréquence. Si le niveau sonore maximal mesuré en sortie du haut-parleur est L_{max}, la bande passante est l'intervalle de fréquences dans lequel le niveau sonore mesuré dans les mêmes conditions est supérieur à $L_{max} - 3$ dB.

DOC 2 Matériel

- Un haut-parleur à étudier.
- Un GBF.
- Un sonomètre et sa notice d'utilisation.
- Des supports et des pinces.
- Des fils de connexion.
- Des multimètres.

Travail à réaliser

ANALYSER **a** Rédiger un protocole expérimental permettant la détermination graphique de la bande passante du haut-parleur fourni. Veiller à maintenir une ambiance sonore supportable dans la salle de TP. **20 min** Repère 1

▸ Appeler le professeur

RÉALISER **b** Réaliser le protocole ainsi rédigé. **30 min** Repère 2

▸ Appeler le professeur

COMMUNIQUER **c** Présenter vos résultats et conclusions en critiquant *a posteriori* le protocole utilisé. **10 min** Repère 3

Repères pour l'évaluation

1. Un graphe est attendu. Il faut veiller à être conforme à la définition donnée de la bande passante, notamment en maintenant constante l'amplitude de la tension délivrée par le GBF.
2. Un grand nombre de mesures est nécessaire, couvrant l'ensemble des fréquences audibles dans les limites de fonctionnement du sonomètre.
3. Il faut effectuer un retour sur la question posée initialement dans le sujet et sur les différentes étapes du protocole.

Le mode d'emploi de cette épreuve est donné dans la ▶ Fiche méthode p. 153

4 Reconnaissance vocale

Contexte du sujet De plus en plus de serveurs téléphoniques utilisent la reconnaissance vocale, permettant à la personne qui téléphone d'être dirigée vers les informations ou les interlocuteurs voulus, simplement par réponse vocale à des questions posées. Le principe de la reconnaissance vocale est complexe mais peut néanmoins être abordé à l'aide du matériel disponible au lycée.
L'objectif de cette épreuve est d'étudier les différents problèmes qui peuvent survenir lors de la reconnaissance vocale de voyelles parlées.

Documents

DOC 1 *Les fréquences vocales*

L'appareil phonatoire humain est constitué de cordes vocales, vibrant sous l'effet d'un souffle d'air, et produisant un son amplifié par les cavités présentes. L'être humain peut émettre des sons dont les fréquences sont comprises entre 300 Hz et 3 kHz environ.

DOC 2 Matériel

- Un microphone.
- Un système d'acquisition informatisé et le logiciel adapté, ainsi qu'une notice simplifiée.

Travail à réaliser

ANALYSER **a** Les manipulations effectuées dans cette épreuve nécessitent l'enregistrement de voyelles chantées par le candidat.

Rédiger un protocole précis permettant d'obtenir le spectre en fréquences d'une voyelle chantée à l'aide du matériel à disposition. **15 min** Repère 1

▶ **Appeler le professeur**

RÉALISER **b** En utilisant le protocole rédigé ci-dessus, enregistrer plusieurs voyelles chantées et en afficher le spectre fréquentiel. Les sons enregistrés seront choisis de manière à étudier l'influence sur le spectre en fréquences des différents paramètres suivants : hauteur du son chanté, voyelle chantée, force du son chanté et intonation donnée à la voyelle chantée. Chaque enregistrement sera nommé différemment, de manière à pouvoir y faire référence. **30 min** Repère 2

▶ **Appeler le professeur**

VALIDER **c** En faisant référence précisément aux différents enregistrements effectués, rédiger vos conclusions en faisant apparaître les possibilités de reconnaissance vocale dans le cas des voyelles. Vous identifierez ensuite les difficultés rencontrées montrant que cette méthode n'est pas applicable en l'état pour de la reconnaissance vocale fiable. **15 min**

Repères pour l'évaluation

1. Une réflexion sur la durée de l'acquisition et le nombre de points de mesure est attendue. La notice du système d'acquisition fournit les indications nécessaires.
2. L'évaluation porte sur la réalisation soignée des mesures et le relevé méthodique des paramètres utilisés pour chaque enregistrement. La pertinence de chaque paramètre évalué est également notée (un seul paramètre doit varier à la fois).

Résolution de problème

1 Construction d'un piano

Mots clés Instruments à cordes • Acoustique musicale

Un élève de spécialité cherche à fabriquer un piano rudimentaire à l'aide de cordes qu'il tend à l'intérieur d'un bâti. Les cordes sont accrochées à un côté et tendues à l'autre extrémité grâce à une masse suspendue dans l'air. Pour éviter les frottements, l'élève utilise des poulies. Par souci de clarté, la **figure 1** présente le dispositif dans le cas d'une seule corde. Les cordes vibrent sur une longueur $L = 50{,}0$ cm, choisie arbitrairement par l'élève de telle sorte que le bâti ne soit pas trop encombrant. Toutes les cordes sont identiques, de masse linéique $\mu = 0{,}94$ g.m^{-1}.

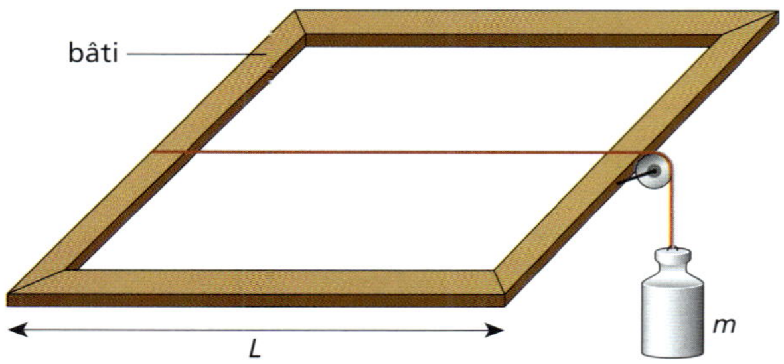

Fig. 1 Dispositif expérimental.

DOC 1 *Gamme tempérée et piano*

La gamme tempérée contient douze notes qui constituent une octave : *do, do#, ré, ré#, mi, fa, fa#, sol, sol#, la, la#, si*. Chaque note est séparée de la précédente d'un intervalle appelé « demi-ton ». Cet intervalle est le quotient des fréquences de deux notes consécutives. Dans la gamme tempérée, le demi-ton est constant et égal à $2^{1/12}$. Un ton, intervalle séparant les notes *la* et *si*, vaut deux demi-tons. La note de référence de la gamme, à partir de laquelle sont calculées les fréquences des autres notes, est le *la* de la troisième octave, de fréquence $f_0 = 440$ Hz.
Un piano de concert peut jouer des notes dont les fréquences sont comprises entre 27,5 Hz et 4 186 Hz.

DOC 2 *L'expérience de la corde vibrante*

Une corde est tendue entre deux points fixes et excitée à une fréquence réglable. Pour certaines fréquences d'excitation *(fréquences de résonance)* la corde présente des fuseaux qui résultent de l'interférence constructive des ondes allant dans les deux sens sur la corde.

La **figure 2** représente un exemple d'une telle situation, pour le quatrième mode de vibration d'une corde.
Une corde vibrant librement a pour fréquence d'oscillation la fréquence du mode de vibration le plus simple.

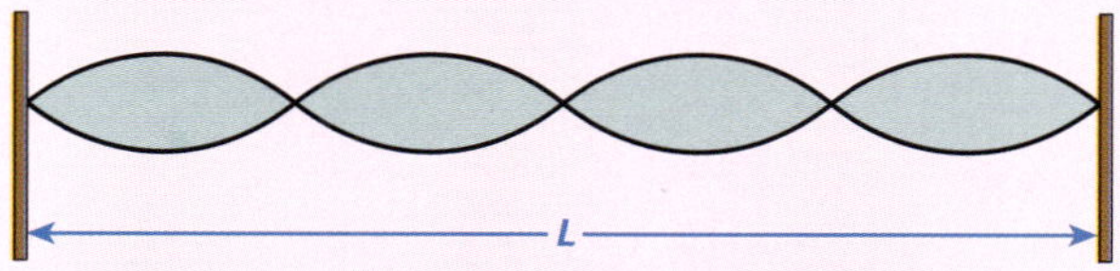

Fig. 2 Fuseaux d'une corde vibrante.

DOC 3 *Données*

- La célérité v de l'onde se calcule à l'aide de la formule $v = \sqrt{\dfrac{F}{\mu}}$, où F est la tension de la corde (en newtons) et μ sa masse linéique (en kg.m^{-1}).
- Le champ de pesanteur vaut $g = 9{,}8$ m.s^{-2}.

DOC 4 *Un essai*

L'élève suspend une masse $m = 16{,}0$ kg de sable à la corde. Il fait vibrer librement celle-ci et enregistre le son émis. Il obtient le spectre de la **figure 3**.

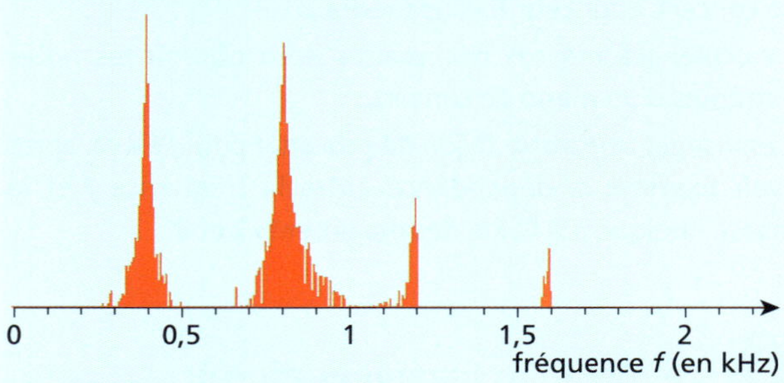

Fig. 3 Spectre du son obtenu.

DOC 5 *Fréquence et masse*

À l'aide d'un microphone et d'un système d'acquisition informatisé, l'élève enregistre le son émis par la corde de masse linéique $\mu = 0{,}94$ g.m^{-1}. Il relève ensuite la fréquence fondamentale f du son émis. En procédant ainsi pour différentes masses m suspendues, il est amené à tracer la courbe représentant f en fonction de $\sqrt{m}$ **(Fig. 4)**.

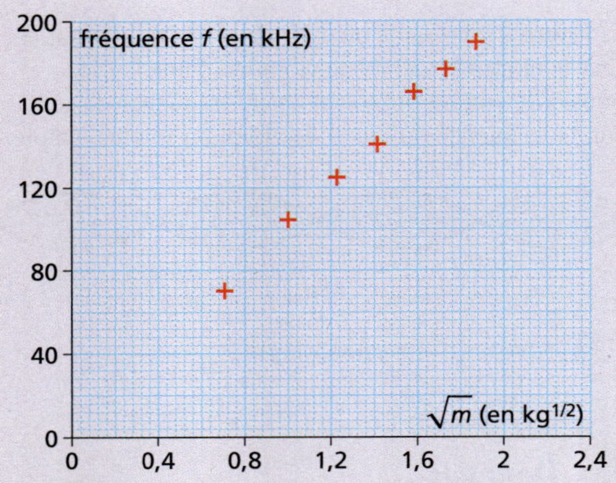

Fig. 4 Courbe expérimentale.

Question

À l'aide des documents, déterminer les masses à suspendre pour jouer les notes *do*, *ré*, *mi*, *fa*, *sol*, *si* de la troisième octave de la gamme tempérée. Pour cela, vous analyserez le problème posé de manière à construire les étapes de résolution.

Vous porterez un regard critique sur les résultats et méthodes. En particulier, vous examinerez les limites de ce mode de construction d'un piano dans le cas où l'élève souhaite obtenir toutes les fréquences couvertes par un piano de concert. Pour cela, il vous faudra :

- calculer les masses nécessaires pour obtenir les notes extrêmes d'un piano de concert ;
- envisager une autre façon de procéder pour l'élève, après avoir exprimé la dépendance entre la fréquence f et la masse linéique μ à l'aide des **documents 2** et **3**.

2 Le rôle d'un ingénieur du son

Mots clés Microphone, enceintes acoustiques • Acoustique physiologique

Lors d'un concert amplifié, plusieurs éléments sont nécessaires à la bonne écoute de la musique. Il faut, tout d'abord, que le microphone du chanteur soit adapté à la situation. Il faut également que l'amplification du signal soit réglée de manière à ce que les enceintes sélectionnées restituent le plus fidèlement possible les sons émis. Ces choix font partie du travail de l'ingénieur du son.

Un ingénieur du son doit préparer le concert d'une chanteuse dont la tessiture, très étendue, couvre trois octaves à partir du sol_2 de fréquence 196 Hz. L'ingénieur du son a sélectionné un type d'enceinte et réglé le dispositif d'amplification. Il lui reste à sélectionner le microphone de la chanteuse.

DOC 1 Directivité des microphones

La directivité d'un microphone décrit son aptitude à capter un son suivant sa direction de propagation. Lorsque la source sonore se déplace autour du microphone fixe, l'amplitude de la tension délivrée par le microphone varie **(Fig. 1)**. Par exemple, tout se passe comme si le niveau sonore entendu par le micro canon était, à l'arrière (180°), presque 10 dB en-dessous de ce qu'il serait si le micro était orienté dans le bon sens (0°).

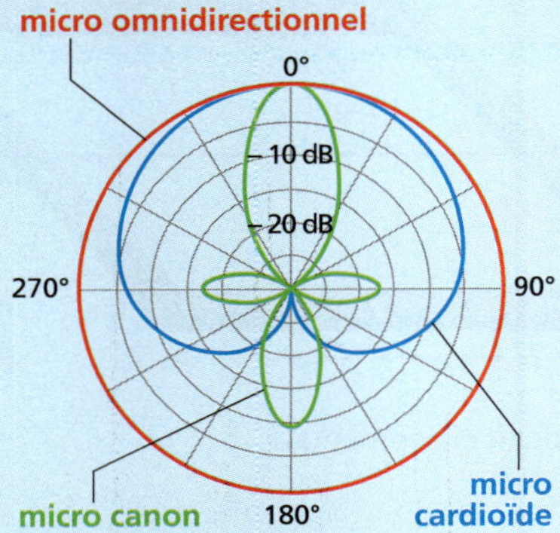

Fig. 1 Directivité de trois microphones.

DOC 2 Le dispositif d'amplification

Un amplificateur est un dispositif électrique permettant de multiplier, à l'aide d'un apport électrique, une tension d'entrée u_e par une certaine constante $k > 1$. La tension de sortie est alors $u_s = ku_e$ **(Fig. 2)**. La **figure 3** donne les caractéristiques d'un amplificateur.

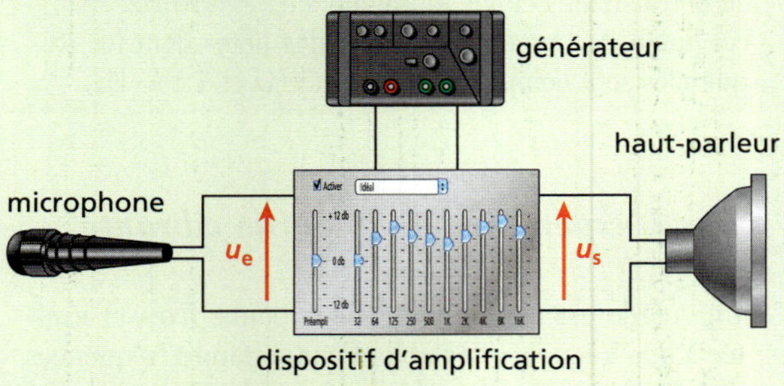

Fig. 2 Utilisation d'un amplificateur pour le signal issu d'un microphone.

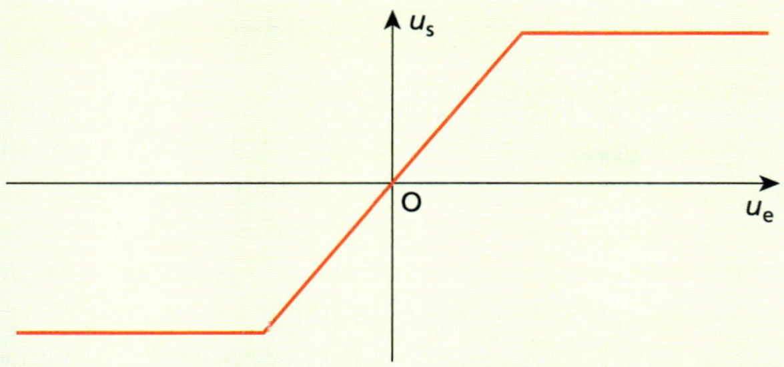

Fig. 3 Caractéristique d'un amplificateur.

Il arrive que l'amplificateur sature : u_s reste constante pour toute valeur de u_e. Les courbes de la **figure 4** montrent ce phénomène (u_s est en bleu, u_e en vert).

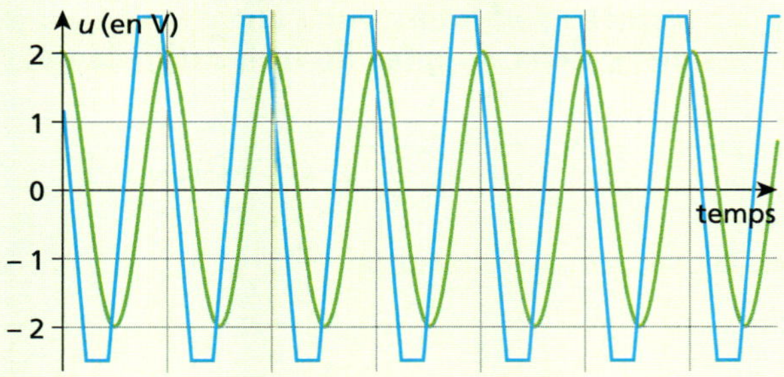

Fig. 4 Amplification avec saturation.

DOC 3 *Caractéristiques des enceintes utilisées*

Les enceintes utilisées comportent chacune trois haut-parleurs, dont les bandes passantes sont décrites dans le tableau de la **figure 5**.

Type de haut-parleur	Woofer (ou boomer)	Médium	Tweeter
Bande passante	[20 Hz – 500 Hz]	[400 Hz – 2 000 Hz]	[1 500 Hz – 10 000 Hz]

Fig. 5 Bande passante de quelques haut-parleurs.

Question

En vous appuyant sur les documents présentés, vous déterminerez quel microphone l'ingénieur doit choisir. Votre réponse sera argumentée à l'aide de termes scientifiques précis et vous indiquerez les documents utilisés pour votre raisonnement. Le texte expliquera également quelles questions se posent lors du réglage du dispositif d'amplification. Enfin, il justifiera le choix de l'enceinte.

3 Le violon électrique et l'égaliseur

Mots clés Instruments électroniques • Traitement du son

Un violon électrique est un violon muni de microphones disposés sous chaque corde. Ceux-ci délivrent une tension électrique de même fréquence que la vibration captée.

Une prise extérieure permet d'envoyer ce signal électrique vers un amplificateur ou un tout autre dispositif de traitement du signal.

La note la_3 jouée par le violon a le spectre de la **figure 1**.

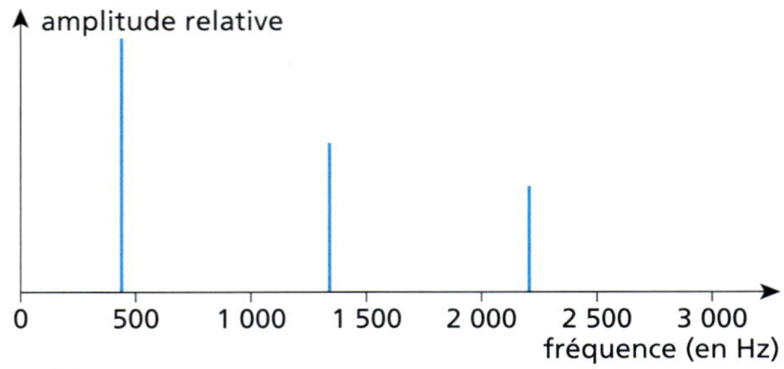

Fig. 1 Spectre du la_3 joué par le violon électrique.

DOC 1 *Principe d'un égaliseur*

Un égaliseur est un appareil ou un logiciel de traitement du son qui permet, grâce à des filtres, d'atténuer ou d'amplifier certaines bandes de fréquences pour produire des sons de timbres différents.

L'égaliseur utilisé ici possède dix curseurs dont les fréquences s'échelonnent des graves (basses fréquences) aux aigus (hautes fréquences).

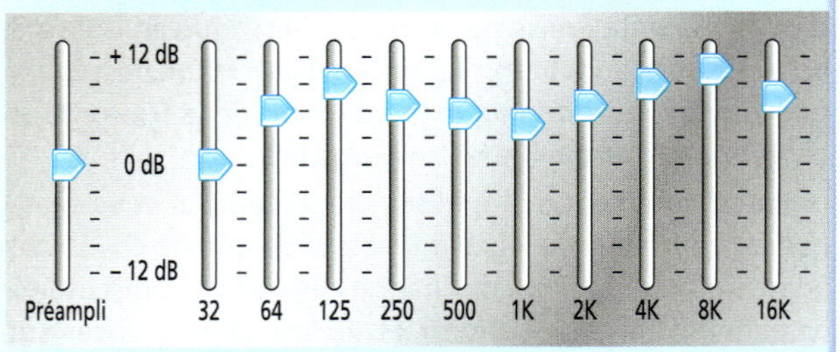

Fig. 2 Table d'égaliseur à dix curseurs de – 12 dB à 12 dB.

DOC 2

Action des curseurs

Les curseurs de l'égaliseur agissent sur des dispositifs qui peuvent augmenter ou diminuer l'amplitude d'une partie des fréquences du signal audio. Ils sont caractérisés par leur fréquence centrale (f_c), leur gain (A) et leur facteur de qualité (Q).

La fréquence centrale f_c, qui correspond à l'indication du curseur, est la fréquence pour laquelle le gain est maximal (ou minimal).
Le gain A agit sur l'amplitude de la cloche qui peut être soit positive (amplification) soit négative (atténuation). Il peut varier entre – 12 dB et 12 dB.
La largeur Δf de la bande de fréquences amplifiées (ou atténuées) est mesurée à 3 dB au-dessous du pic (ou au-dessus). Rappel : une atténuation (ou une amplification) de 3 dB signifie que l'intensité sonore a été divisée (ou multipliée) par 2.
Le facteur de qualité $Q = f_c/\Delta f$ donne une indication sur la finesse du pic. Plus le pic est fin, plus le facteur de qualité est grand.

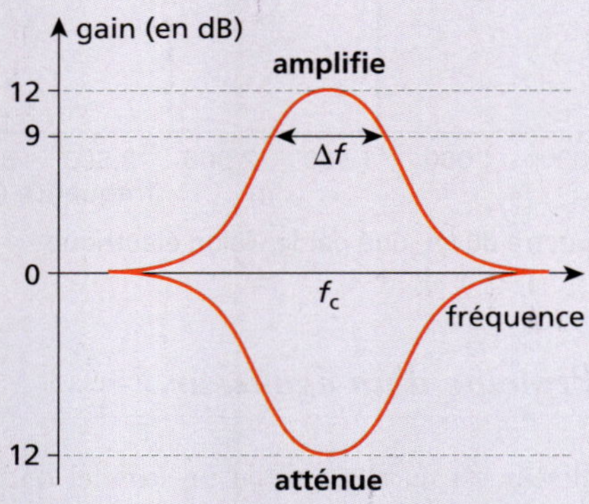

Fig. 3 Égaliseur en cloche (amplification ou atténuation).

Question

À l'aide des documents présentés, expliquer comment modifier la note émise par le violon électrique en utilisant un égaliseur pour obtenir un son *la*$_3$ à 440 Hz ne possédant que le premier harmonique (premier pic de la **figure 1**) et le cinquième harmonique (troisième pic).

Le fonctionnement de l'égaliseur sera étudié et vous expliquerez pourquoi le choix d'un facteur de qualité $Q = 1{,}5$ est adapté aux fréquences de chaque curseur. Vous discuterez également du gain à choisir et de ses conséquences sur l'intensité sonore. Enfin, vous dessinerez l'allure du spectre en fréquences du signal une fois filtré.

RÉSOLU

4 Accords joués par un piano

Mots clés Acoustique musicale

Un élève voudrait comprendre comment a été construite la première gamme, la gamme de Pythagore, appelée aussi « gamme naturelle », car jugée harmonieuse à l'oreille, notamment par la sonorité agréable qui se dégage lorsque certaines notes sont jouées ensemble.

Pour cela, grâce à un micro et à un système d'acquisition informatisé, il réalise le spectre du son obtenu en frappant simultanément deux touches (accord) d'un piano. Il s'aperçoit que l'accord correspondant au **spectre 2** est plus harmonieux que celui correspondant au **spectre 1**.

DOC 1

Spectres obtenus par l'élève avec deux couples de notes différents

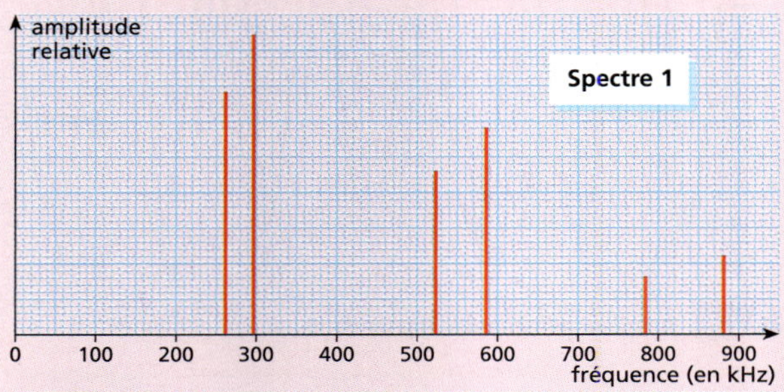

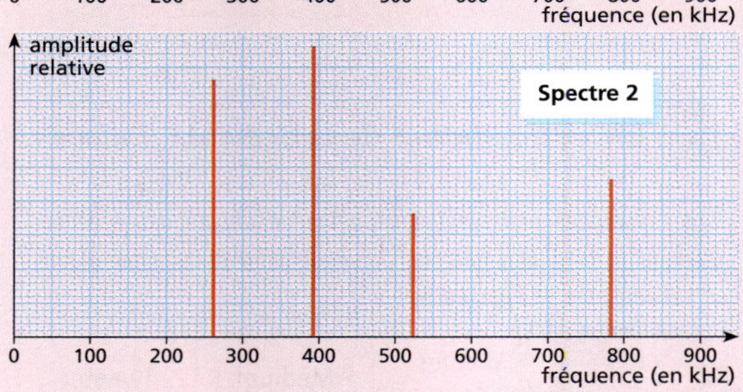

DOC 2

Fréquences des notes de la troisième octave de la gamme tempérée

Note	*do*	*ré*	*mi*	*fa*	*sol*	*la*	*si*
Fréquence (Hz)	262	294	330	349	392	440	494

DOC 3

Notion d'intervalle consonant

En musique, un intervalle entre deux notes correspond au rapport de leurs fréquences. La notion d'intervalle permet de définir les principaux accords utilisés en musique, à savoir :

- l'octave, qui correspond à un intervalle de notes égal à 2.
- la quinte, ou intervalle de 3/2.
- la tierce, ou intervalle de 5/4.

DOC 4 Principe de la constitution de la gamme de Pythagore

Il est basé sur un accord jugé particulièrement harmonieux : la quinte. Après avoir choisi une note de base, le *do* par exemple, on multiplie sa fréquence par le rapport 3/2, ce qui donne une nouvelle note de la gamme de Pythagore. On multiplie de nouveau sa fréquence par 3/2, ce qui donne une nouvelle note, et ainsi de suite. Si l'une des fréquences trouvées ainsi n'est pas comprise dans l'intervalle d'octave auquel on s'intéresse, alors on divise sa fréquence par 2. En classant les notes par ordre croissant de fréquence, on obtient les notes de la gamme de Pythagore : *do, ré, mi, fa, sol, la* et *si*.

Question

À l'aide des documents :

- retrouver les deux couples de notes jouées par l'élève et proposer une explication à sa constatation ;
- calculer les fréquences des notes de la gamme de Pythagore et déterminer si la gamme tempérée est juste musicalement.

Analyse et synthèse de documents

5 Le djembé

Mots clés Instruments à percussion • Instruments à cordes

Le djembé est un instrument à percussion originaire des pays de l'Afrique de l'Ouest tels que le Mali, la Côte d'Ivoire et le Sénégal. Il est aujourd'hui répandu dans le monde entier. Il est composé d'un fût en bois sur lequel est tendue, à l'aide de cordes, une peau de chèvre ou d'antilope.

À l'aide de vos connaissances sur les instruments de musique et des documents présentés ci-après, vous rédigerez un texte de synthèse présentant les particularités musicales du djembé : vous identifierez d'abord ce qui différencie les sons qu'il produit des sons produits par les instruments à cordes ou à vent. Vous décrirez ensuite les sons qu'il est possible de produire avec un djembé en expliquant leurs différences perçues à l'oreille.

DOC 1 Les principaux touchers du djembé

Il existe plusieurs manières de jouer du djembé. La **figure 1** donne les spectres de sons produits à l'aide des trois principaux touchers :

- la basse (paume de la main frappant le centre de la peau) ;
- le tonique (doigts joints frappant les bords) ;
- le claqué (doigts écartés frappant les bords).

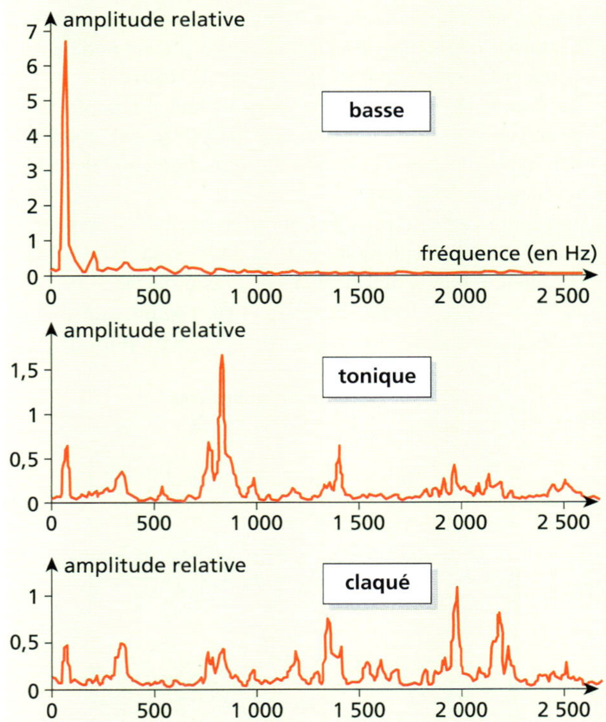

Fig. 1 Spectres des trois principaux sons.

DOC 2 Modes propres de vibration d'un tambour

Les modes propres de vibration des milieux à une dimension (cordes, tuyaux sonores) sont descriptibles par des points d'amplitude de vibration nulle (les nœuds). À certaines fréquences propres sont associés des modes propres dont la représentation est simple **(Fig. 2)**.

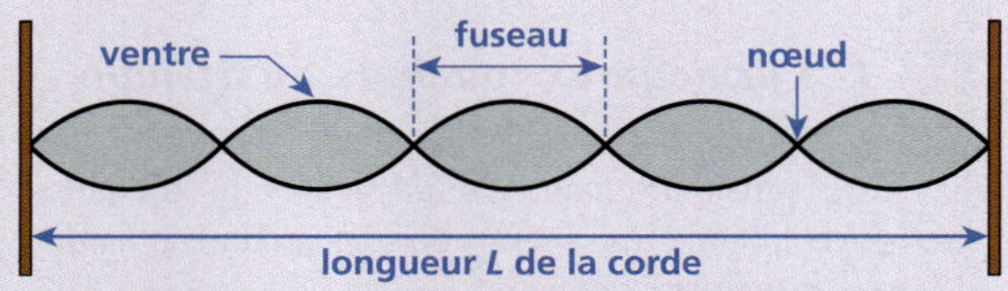

Fig. 2 Aspect à l'œil nu du mode propre de vibration de rang 5 d'une corde tendue entre ses deux extrémités.

Les modes propres de vibration des milieux à deux dimensions sont plus complexes. Ainsi, une peau tendue sur un cercle fixe connaît des modes de vibration dont les lignes de vibration nulle (lignes nodales) peuvent être représentées comme sur la **figure 3**.

La **figure 4** donne l'aspect à un instant donné de la peau pour son mode fondamental (0,0) **(Fig. 4a)** et pour son mode (0,1), comprenant une seule ligne nodale sur un diamètre **(Fig. 4b)**.

Les fréquences propres de ces différents modes ne sont pas réparties simplement. Par exemple, si la fréquence du mode fondamental (0,0) est f_{00}, celle du mode (0,1) est $f_{01} = 1{,}59 f_{00}$; celle du mode (1,0), comprenant une seule ligne nodale circulaire, est $f_{10} = 2{,}30 f_{00}$ **(Fig. 3)**.

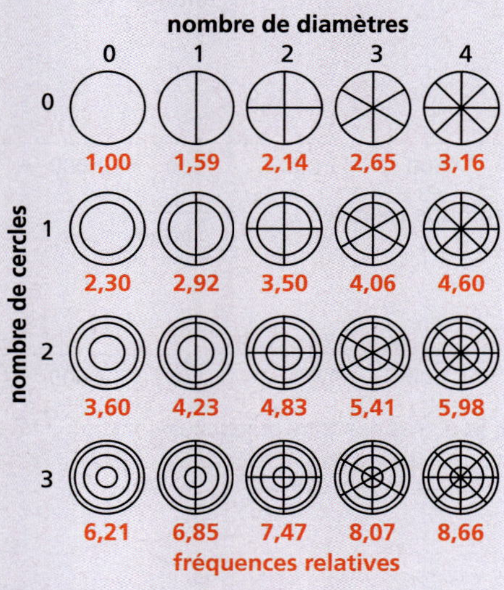

Fig. 3 Lignes nodales des différents modes propres d'une peau tendue circulaire.

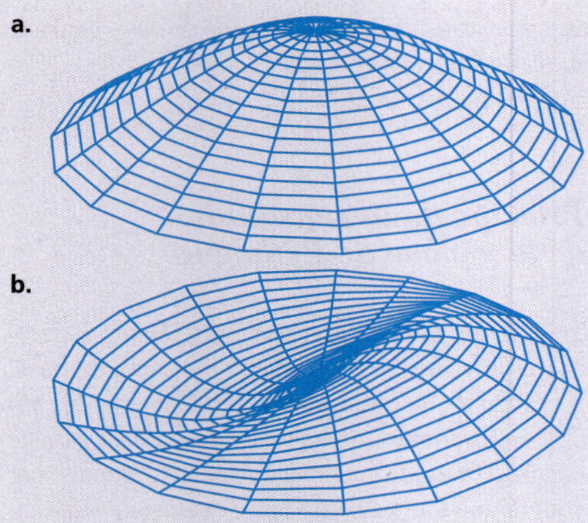

Fig. 4 Mode fondamental et mode (0,1).

6 La compression audio

Mots clés Traitement du son

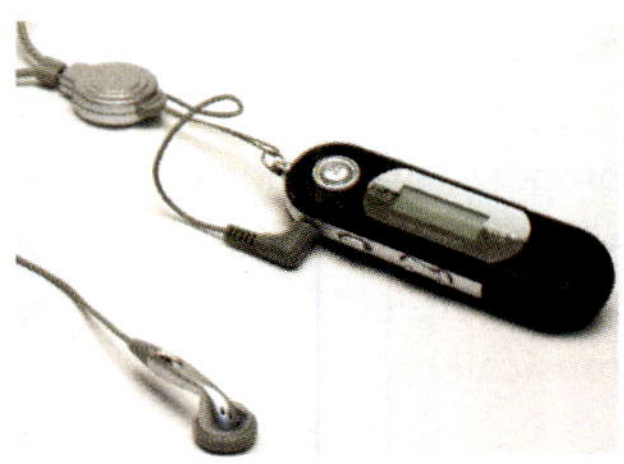

La musique prend une grande place dans nos vies et sur nos disques durs. Pour être stocké sur CD ou DVD, un enregistrement musical, au départ signal analogique, est converti en signal numérique. Pour minimiser la place occupée par les fichiers, des formats compressés (mp3, WMA...) ont progressivement vu le jour et continuent d'être améliorés.

En vous appuyant sur vos connaissances et sur les documents présentés, vous rédigerez un texte de synthèse présentant, en deux parties, la question de la compression audio.

La première partie justifiera précisément l'intérêt de la compression audio. Elle utilisera un ou plusieurs calculs comparant le CD audio non compressé au format mp3.

La deuxième partie expliquera le principe d'au moins quatre techniques de compression, rendues possibles par les caractéristiques des sons musicaux et de l'audition humaine. Vous préciserez pour chacune des techniques si elle est destructive ou non (les techniques de compression destructives perdent de l'information et ne permettent pas de retrouver le signal d'origine par décompression).

DOC 1 Le théorème de Shannon-Nyquist

Le théorème de Shannon-Nyquist, à la base de la conversion analogique-numérique des signaux, indique que la fréquence d'échantillonnage d'un signal doit être au moins égale au double de la plus haute fréquence de ce signal.

DOC 2 CD audio et format mp3

Pour les CD audio, la fréquence d'échantillonnage standard est de 44 100 Hz et chaque échantillon est codé sur 2 octets, soit 16 bits. De plus, le son sur les CD audio est enregistré en stéréo. Une partie de la place disponible sur le disque est consacrée à des bits de correction d'erreur. Finalement, un CD audio de 700 Mo peut stocker 80 minutes de musique non compressée.
Le mp3 est un algorithme de compression numérique pour lequel le débit binaire est compris entre 112 $kbit.s^{-1}$ et 384 $kbit.s^{-1}$.

DOC 3 Caractéristiques de l'audition humaine

Les fréquences audibles par l'oreille humaine sont comprises entre 20 Hz et 20 kHz. La sensibilité de l'oreille n'est pas la même à toutes les fréquences **(Fig. 1)**. En outre, elle ne fait guère la différence entre des fréquences très proches. Enfin, lorsqu'un son de niveau très élevé est émis en même temps qu'un son de niveau plus faible, ce dernier peut ne pas être entendu du tout.

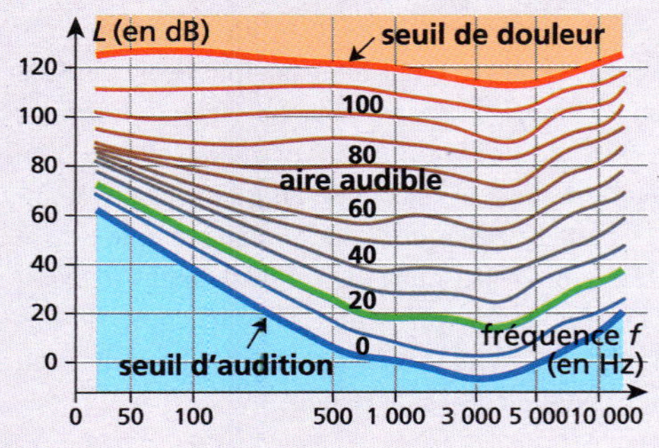

Fig. 1 Diagramme de Fletcher.

DOC 4 Stéréo et fréquences identiques

Pour recréer des sensations spatiales à l'écoute d'un son musical, les enregistrements sont très souvent en stéréo, c'est-à-dire comportent deux pistes destinées à être émises par deux enceintes. Il arrive néanmoins que les deux voies d'un son stéréo présentent des séquences strictement identiques, ce qui permet éventuellement de gagner de la place.
Dans un son musical, il arrive aussi fréquemment que dans la suite d'échantillons, il apparaisse plusieurs fois la même fréquence **(Fig. 2)**.

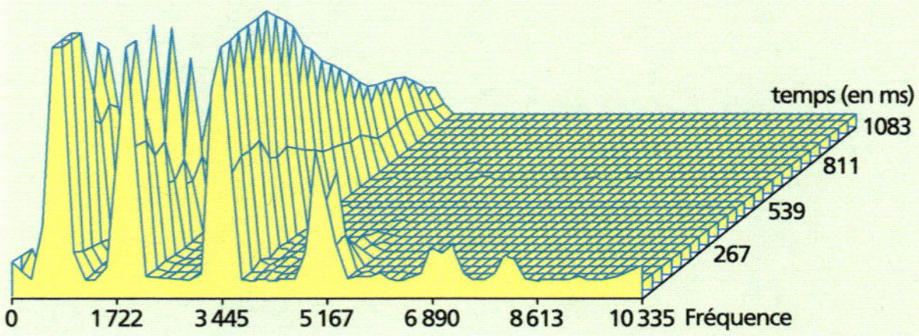

Fig. 2 Évolution temporelle du spectre en fréquences d'un son musical.

7 Principe d'un synthétiseur

Mots clés Instruments électroniques • Traitement du son

Depuis l'apparition des premiers synthétiseurs à la fin du XIXe siècle, la musique électrique ou électronique n'a cessé de se développer. Aujourd'hui, les ordinateurs permettent des fonctionnalités très étendues, mais le principe reste quasiment le même que celui des synthétiseurs à clavier : un son est produit par un oscillateur (analogique ou numérique), puis traité de différentes manières.

En vous appuyant sur vos connaissances des sons musicaux et en utilisant les documents présentés, vous rédigerez un texte de synthèse expliquant le mode de production d'un son musical par un synthétiseur ou un ordinateur. Vous détaillerez en particulier le principe de la synthèse additive et celui de la synthèse soustractive. Votre texte sera agrémenté d'un ou plusieurs schémas explicatifs.

DOC 1 — Un logiciel de synthèse sonore

Une capture d'écran d'un logiciel de synthèse sonore est donnée en **figure 1**.
Ce logiciel possède trois oscillateurs (la zone de définition de l'oscillateur 2 est entourée en rouge). Pour chacun, il est possible de régler, entre autres, la forme du signal, l'amplitude et la fréquence, et d'assigner ou non un filtre (défini dans la zone entourée en bleu). Plusieurs filtres sont possibles : passe-bas (LP sur le logiciel), passe-haut (HP) et passe-bande (BP).

Fig. 1 Capture d'écran du logiciel freeware Zeth.

DOC 2 — Synthèses numériques d'un son

La synthèse additive d'un son consiste à créer un signal par superposition de signaux sinusoïdaux de fréquences données. La synthèse soustractive, elle, utilise des filtres pour supprimer des fréquences dans le spectre de sons complexes produits par des oscillateurs (par exemple signaux créneau, triangle ou dents de scie). Il existe d'autres types de synthèse, plus complexes mathématiquement, comme la synthèse FM.

DOC 3 — Signaux et spectres

L'analyse de Fourier est un outil mathématique permettant de faire le lien entre un signal périodique et son spectre en fréquences. Un signal sinusoïdal de période T_1 ne comporte, dans son spectre, qu'un pic à la fréquence $f_1 = 1/T_1$. Les représentations temporelles et les spectres en fréquences de deux autres signaux simples, créneau et triangle, sont donnés en **figure 2**.

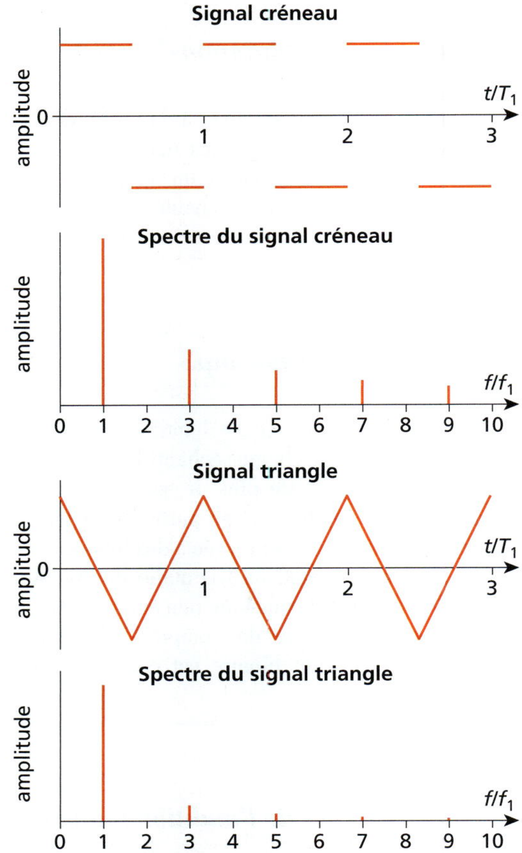

Fig. 2 Signaux créneau et triangle et leurs spectres.

DOC 4 — Enveloppe d'un son

Pour créer un son musical ressemblant à celui d'un instrument de musique, les instruments électroniques ne doivent pas se contenter de produire un son périodique de spectre donné. Ils doivent tenir compte également de l'évolution au cours du temps, pour une note donnée, du timbre et de l'amplitude du son. Ainsi, l'enveloppe d'un son musical est souvent découpée en quatre zones nommées A, D, S et R : l'attaque (*attack* en anglais), le déclin (*decay*), le maintien (*sustain*) et le relâchement (*release*) **(Fig. 3)**. Le timbre du son peut varier au cours de ces quatre étapes. Les synthétiseurs permettent de filtrer ou d'amplifier chaque zone séparément.

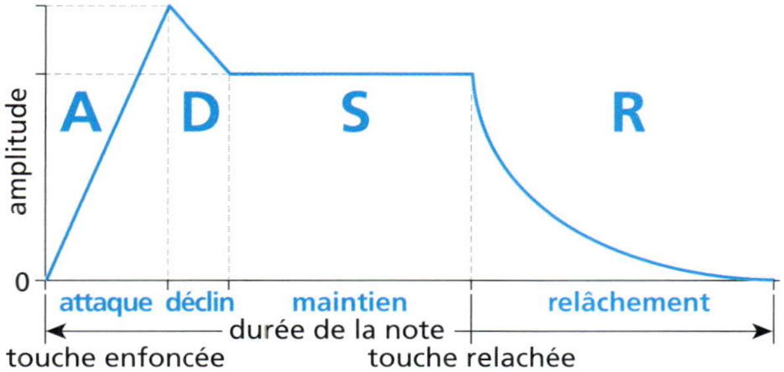

Fig. 3 Enveloppe d'un son musical.

8 Trombone à coulisse et justesse de jeu

Mots clés Instruments à vent • Acoustique musicale • Acoustique physiologique

Le trombone à coulisse est un instrument à vent et à embouchure de la famille des cuivres.
La maîtrise de cet instrument est réputée difficile.

En analysant les documents présentés, vous expliquerez le principe de fonctionnement du trombone. Vous choisirez en particulier l'une des notes possibles du trombone allongé et calculerez la distance dont le musicien doit, pour émettre cette note, déplacer la coulisse par rapport à la position la plus courte du trombone. Vous ferez également le calcul du déplacement de la coulisse à partir duquel une oreille exercée distingue une différence avec la note voulue. Vous conclurez votre étude par un résumé de ce qui fait la difficulté de jeu de cet instrument.

DOC 1 *Le principe du trombone à coulisse*

Le trombone à coulisse est un tuyau dont la longueur est variable **(Fig. 1)**. Le musicien excite l'air contenu dans le tuyau au niveau de l'embouchure et peut déplacer la coulisse pour allonger ou raccourcir le tuyau. Un éloignement d de la coulisse entraîne une augmentation de $2d$ de la longueur du tuyau. Embouchure et pavillon se comportent comme des extrémités ouvertes et sont le siège de ventres de vibration. Suivant la position de ses lèvres, le musicien peut exciter, pour une longueur donnée, soit le mode fondamental, soit ses harmoniques.

Un musicien chevronné peut exciter jusqu'à l'harmonique de rang 7.
Les trombones les plus répandus sont les trombones ténors, qui jouent en *si* bémol. Lorsque la coulisse n'est pas éloignée, donc pour la longueur minimale $L_0 = 2{,}950$ m, la fréquence fondamentale du tuyau est celle du *si* bémol : $f_0 = 58{,}0$ Hz.

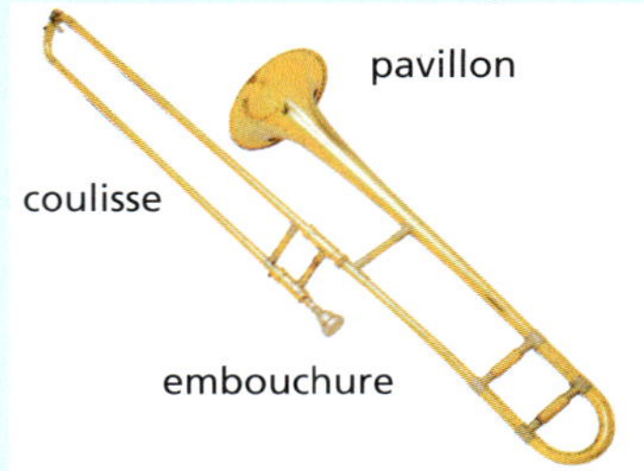

Fig. 1 Un trombone ténor.

Le trombone ténor peut jouer sept notes en mode fondamental, correspondant à sept positions de la coulisse **(Fig. 2)**. La position la plus éloignée de la coulisse (plus de 60 cm) correspond à la note la plus grave.

Position	Note	Intervalle avec le *si* bémol dans la gamme tempérée
1	*si* bémol	1
2	*la*	$2^{1/12}$
3	*la* bémol	$2^{2/12}$
4	*sol*	$2^{3/12}$
5	*fa* dièse	$2^{4/12}$
6	*fa*	$2^{5/12}$
7	*mi*	$2^{6/12}$

Fig. 2 Les notes du trombone ténor.

DOC 2 *Modes de vibration d'un tuyau sonore*

L'extrémité ouverte d'un tuyau présente un ventre de vibration à la résonance, c'est-à-dire que la vitesse des molécules de l'air est maximale aux extrémités du tuyau **(Fig. 3)**. La célérité du son dans l'air est $v = 340$ m.s^{-1}.

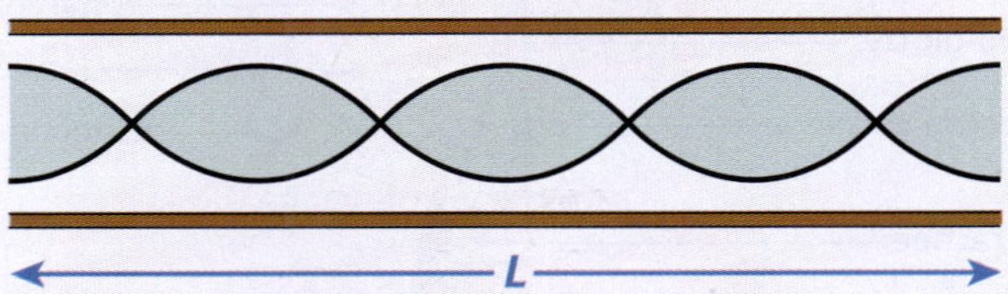

Fig. 3 Représentation du mode de vibration d'ordre 4 d'un tuyau ouvert à ses deux extrémités.

DOC 3 Audition humaine

L'oreille humaine est sensible aux intervalles entre les notes. L'intervalle i entre deux notes f_1 et f_2 est $i = f_2/f_1$. Une unité de mesure fine des intervalles est le *cent*. Un intervalle exprimé en cents, noté i_c, est relié à l'intervalle i par la relation $i_c = 1200\ (\log i)/(\log 2)$. L'intervalle le plus petit perceptible par l'oreille humaine correspond à 5 cents.

RÉSOLU 9 Synthèse vocale

Mots clés Acoustique physiologique • Reconnaissance vocale

À l'aide des documents proposés, rédiger un texte argumentatif explicitant les difficultés rencontrées lors de la synthèse vocale. Votre argumentation devra porter en particulier sur les différents éléments qui font la complexité d'un son vocal et qui le différencient d'un son créé par une corde vibrante simple, par exemple ; elle mentionnera les raisons physiologiques des différences entre ces sons. Elle s'attachera également à envisager les différents paramètres (temps, fréquence...) à considérer et leur impact sur la complexité de production d'une voix artificielle.

DOC 1 Principe de la synthèse vocale

La synthèse vocale est un procédé de fabrication de sons par informatique de manière à recréer la parole à partir d'un texte. La synthèse vocale utilise en premier lieu des traitements linguistiques, permettant de réécrire un texte en version phonétique. Cette succession de phonèmes est ensuite traduite informatiquement en un son. En effet, il est possible, de nos jours, de produire des sons dont les spectres sont connus.

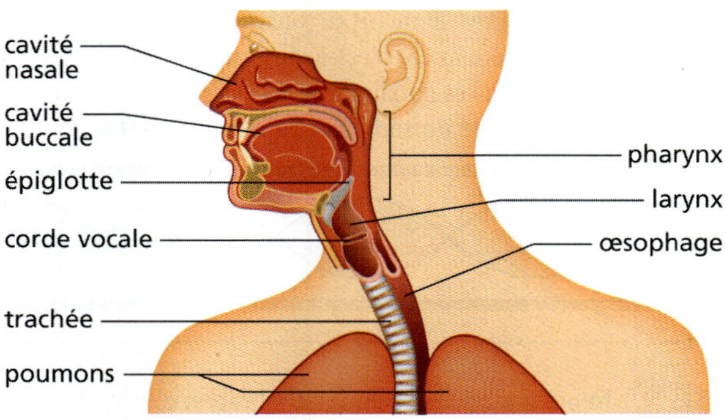

Doc. 2 L'appareil phonatoire humain.

DOC 3 Deux spectres

Cette figure représente les spectres en fréquence de la lettre *a* chantée par une chanteuse soprano et par un chanteur basse. En ordonnée est présenté le niveau sonore.

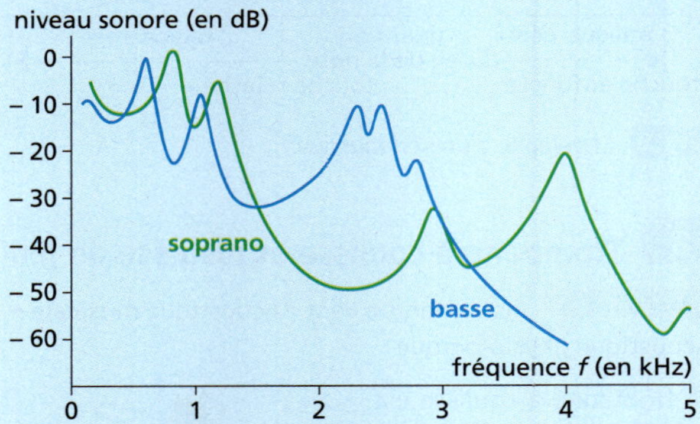

DOC 4 Un sonogramme

Voici le sonogramme des voyelles *a*, *é*, *i*, *o*, *u*, chantées par une même personne. Le niveau sonore pour chaque fréquence dépend de la densité de niveau de gris : plus la zone est noire, plus le son est fort à cette fréquence.

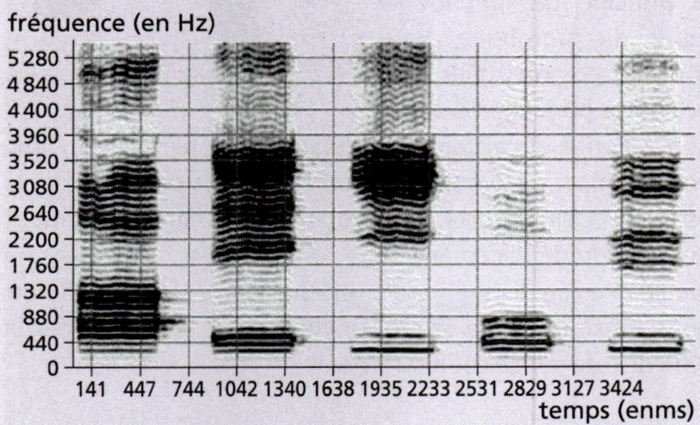

10 Traitement de l'acoustique d'une salle

Mots clés Auditorium • Réverbération

Après construction d'une salle de spectacle, des études acoustiques montrent que la réverbération est trop grande dans la salle à toutes fréquences. En particulier, les sons de fréquence $f_1 = 130$ Hz et $f_2 = 500$ Hz sont particulièrement réverbérés.

En utilisant les documents, proposer une méthode permettant l'amélioration de l'acoustique de la salle. Le raisonnement s'accompagnera de calculs permettant d'évaluer les dimensions caractéristiques des modifications nécessaires (tailles des résonateurs, positions des panneaux, etc.).

DOC 1 *Absorption par panneau acoustique*

Les panneaux acoustiques sont des plaques placées à une certaine distance d d'un mur afin d'absorber particulièrement les ondes sonores de basses fréquences (de l'ordre de 100 Hz). Ils sont caractérisés par une *fréquence propre* f_0 donnée par la relation suivante.

$$f_0 = \frac{60}{\sqrt{\rho_S d}}$$

ρ_S représente la masse surfacique du panneau (en kg.m^{-2}). Pour des panneaux de contreplaqué couramment utilisés, $\rho_S = 5{,}0$ kg.m^{-2}.
Lorsque l'onde sonore arrivant sur le panneau a une fréquence proche de la fréquence propre du panneau, son absorption par le panneau est maximale.

DOC 2 *Résonateur de Helmholtz*

Un résonateur de Helmholtz est constitué d'une embouchure et d'une cavité **(Fig. 1)**. Il est caractérisé par une *fréquence propre* f_0 donnée par la relation suivante :

$$f_0 = \frac{c}{2\pi}\sqrt{\frac{A}{lV}}$$

A : surface de l'embouchure
l : longueur de l'embouchure
V : volume de la cavité
c : célérité du son dans l'air. À 20 °C, $c = 340$ m.s^{-1}
Si l'on considère une embouchure cubique ($A = l^2$) et une cavité cubique de côté $3l$ (donc $V = 27l^3$), cette relation devient $f_0 = \frac{c}{2\pi}\sqrt{\frac{1}{27l^2}}$.

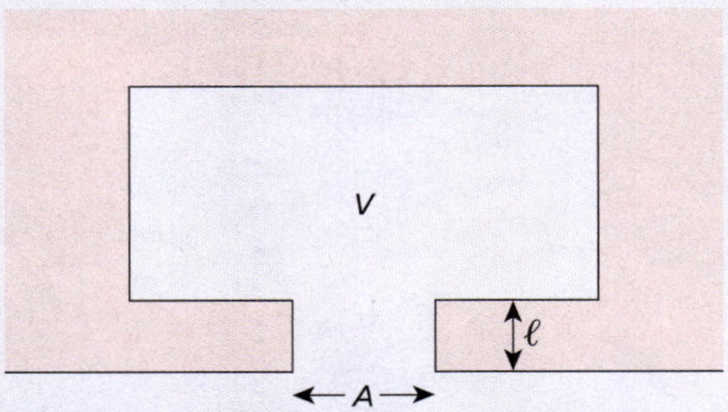

Fig. 1 Résonateur de Helmholtz.

Soit un son dont la longueur d'onde est grande par rapport aux dimensions du résonateur. Lorsqu'il est émis à proximité du résonateur, il est amplifié si sa fréquence est voisine de la fréquence propre du résonateur de Helmholtz. Si la source du son est éloignée du résonateur, alors celui-ci a globalement un rôle absorbant pour des sons de fréquence proche de sa fréquence propre : l'énergie qui fait vibrer le résonateur est prélevée sur l'énergie réverbérée de la salle.
Dans le bâtiment sont utilisés des matériaux comportant des résonateurs de Helmholtz intégrés dans des panneaux **(Fig. 2)**.

Fig. 2 Panneau de résonateurs de Helmholtz.

DOC 3 *Principe du traitement acoustique d'une salle*

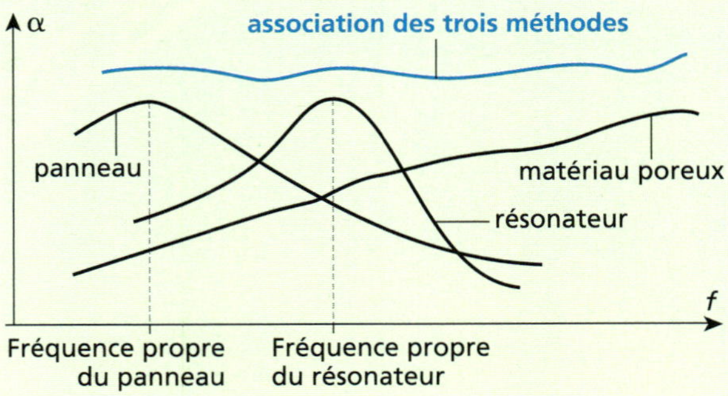

Fig. 3 Coefficient d'absorption en fonction de la fréquence.

Thème 3
Matériaux

Un ski est élaboré à partir d'un assemblage de plusieurs matériaux différents, c'est un composite.

Les matériaux constituent par définition les objets et, à ce titre, ils façonnent notre environnement. Leur variété presque infinie répond à des besoins aussi variés que la construction d'une navette spatiale ou de nos objets les plus familiers. Leur élaboration à partir de ressources naturelles et leur recyclage s'expliquent avec les lois de la physique et de la chimie.

CHAPITRES

MATHÉMATIQUES

➥ Corrigés p. 155

1 Sur la figure suivante sont tracées deux droites.

a. Déterminer leurs équations.

b. En déduire les coordonnées de leur intersection.

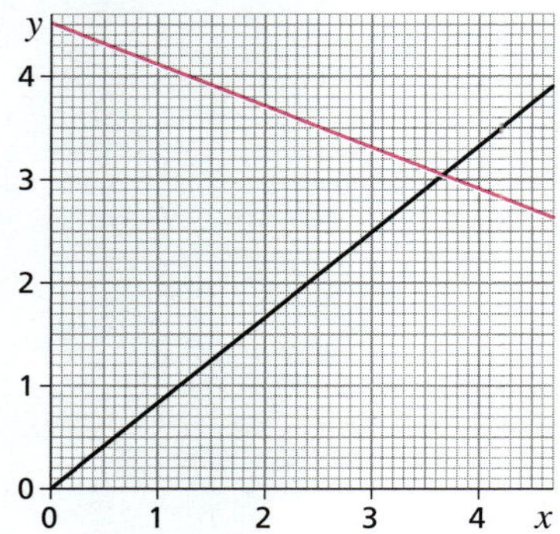

PHYSIQUE-CHIMIE

2 Le dipôle AB est un conducteur ohmique. Pour chaque affirmation, dire si elle est exacte.

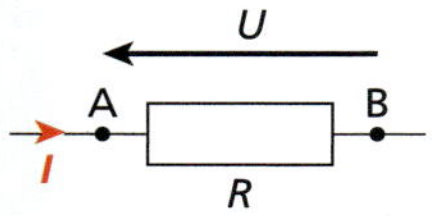

A $U = U_{AB}$.

B $U = U_{BA}$.

C U est positive si I est positive.

D U est négative si I est positive.

3 Comment s'écrit la loi d'Ohm pour ce dipôle ?

4 Décrire les échanges énergétiques qui ont lieu au sein d'un conducteur ohmique. Par quel terme sont-ils désignés ?

5 Rappeler la définition d'un facteur cinétique et donner quelques exemples.

6 Écrire l'équilibre de Brønsted de l'acide phosphorique H_3PO_4 dans l'eau.

7 En quelle unité un rendement s'exprime-t-il ?

8 kWh est l'unité :

A d'une puissance ; B d'une énergie ; C d'un temps ; D autre.

9 Pour quels composés la cohésion à l'état condensé est-elle assurée par des liaisons de van der Waals

A l'eau ; B les alcools ; C les alcanes ; D les acides carboxyliques.

10 Quels composés de la question précédente présentent des liaisons hydrogène ?

11 Qu'est-ce qui distingue, au niveau microscopique, les trois états usuels de la matière ?

12 La diffraction est-elle un phénomène

A mécanique ; B thermique ; C ondulatoire ; D chimique.

13 Quelle est la formule générale des acides α-aminés ?

14 De quoi résulte l'énergie interne d'un système macroscopique ?

15 Comment se repère un atome de carbone asymétrique ?

16 Le caractère isolant d'un matériau dépend de

A sa masse ; B son épaisseur ; C sa conductivité électrique ; D sa conductivité thermique.

17 En spectroscopie, une solution est absorbante si elle absorbe

A les particules ; B les colorants ; C la lumière ; D les gaz.

18 La loi de Snell-Descartes permet de prévoir que :

A un rayon s'écarte de la normale quand il passe un dioptre ;

B au passage air → verre, il existe un angle de réflexion limite au-delà duquel la lumière est totalement réfléchie ;

C aux petits angles dans le cas air → verre, l'angle de réfraction est inversement proportionnel à l'indice du verre ;

D il n'y a pas de changement de direction du rayon lumineux pour une incidence normale.

Chapitre 7

Cycle de vie

Amoncellement de détritus à base de matières plastiques, bien moins recyclés que ceux en métal ou en verre.

Mots clés et méthodes associées

- **Élaboration des matériaux**
- **Vieillissement, corrosion, protection**
- **Recyclage, élimination** ▶ Calculer un rendement de conversion.

Mot clé

ÉLABORATION DES MATÉRIAUX

Fig. 1 Roche constituée de bauxite, riche en ions Al^{3+}. La couleur de la roche est due à des ions Fe^{3+}.

▶ Comment élaborer un matériau à partir de sa matière première ?

Les matériaux utilisés pour créer des objets sont de différentes catégories : métallique (fer, aluminium, cuivre notamment) ; organique (plastique, bois) ; minérale (verre, céramique) ; ou composite (chapitre 9, p. 130). De nombreux matériaux courants doivent être élaborés par l'industrie chimique. Par exemple, pour élaborer de l'aluminium, il faut partir d'un minerai appelé **bauxite** , pour obtenir un plastique, il faut synthétiser des polymères etc.

DÉFINITIONS

La **bauxite** est une terre (ou une roche) riche en ions Al^{3+} **(Fig. 1)**.

Voir Exercice 4 p. 143

Activité expérimentale

1 Élaboration de l'alumine Al_2O_3

OBJECTIF Mettre en œuvre des techniques pour élaborer de l'alumine à partir de son minerai.

Pour obtenir de l'aluminium à partir de bauxite, un premier traitement illustré ici permet de préparer l'alumine Al_2O_3 qui est ensuite électrolysée en aluminium métallique.

PROTOCOLE

1 Préparation de l'alumine

▶ Introduire dans un ballon 5,0 g d'un mélange en proportion massique égale de sulfate d'aluminium et d'un sel de fer(III) avec 30 mL de soude de concentration 2,5 $mol.L^{-1}$.

▶ Porter à ébullition pendant au moins 20 minutes. Pendant ce temps, réaliser les expériences de la partie 2.

▶ Laisser refroidir et filtrer l'ensemble sur filtre plissé. Récupérer le filtrat F.

▶ Introduire par petites portions dans le filtrat 15 mL d'acide chlorhydrique de concentration 5 $mol.L^{-1}$. Déterminer le pH après l'ajout de chaque portion et arrêter quand le pH devient inférieur à 5.

▶ Ajouter de petites portions d'hydrogénocarbonate de sodium (attention à l'effervescence). S'arrêter quand un nouvel ajout ne provoque plus d'effervescence.

▶ Filtrer sur papier filtre plissé taré pour récupérer un solide gélatineux.

▶ Passer le solide à l'étuve à 80 °C puis mesurer la masse d'alumine recueillie.

2 Solubilité des ions Al^{3+} et Fe^{3+}

▶ Introduire dans un tube à essais 2,5 mL de solution de sulfate d'aluminium. Noter le pH de la solution puis ajouter de la soude goutte à goutte.

▶ Noter la valeur du pH d'apparition d'hydroxyde d'aluminium(III) solide $Al(OH)_3$ ainsi que le pH de disparition du solide avec formation d'oxyde d'aluminium AlO_2^-.

▶ Introduire de l'acide chlorhydrique et noter le pH de la réapparition de $Al(OH)_3$ et de sa disparition totale par formation d'ions Al^{3+}.

▶ Recommencer les étapes avec une solution de sulfate de fer(III).

a Écrire l'équation chimique permettant de passer de Al^{3+} à $Al(OH)_3$ puis de $Al(OH)_3$ à AlO_2^-.

b Proposer les équations de réactions susceptibles de se produire dans le cas du fer.

c En déduire ce qui se passe pendant la phase de chauffage de la bauxite reconstituée.

d Expliquer ce qui se passe lors de l'acidification du filtrat F.

e Dans le procédé industriel, l'acidification se fait en faisant barboter du dioxyde de carbone plutôt qu'en ajoutant de l'acide chlorhydrique. Montrer qu'il est équivalent de faire barboter CO_2 ou de procéder en deux temps (acide chlorhydrique puis HCO_3^-).

f Expliquer ce qui se passe dans l'étuve en proposant une équation de réaction et le nom d'une telle transformation.

g Calculer le rendement de l'extraction.

2 Synthèse d'un acide polylactique (PLA)

OBJECTIF

Réaliser une synthèse en suivant un protocole avec un esprit critique.

L'acide polylactique (PLA, *polylactic acid*) est un bioplastique, c'est-à-dire un polymère qui dérive de ressources végétales, dans ce cas, l'amidon de maïs. Il est biodégradable (utilisation dans les fils de suture résorbables, les emballages...).

1 Étude du mécanisme

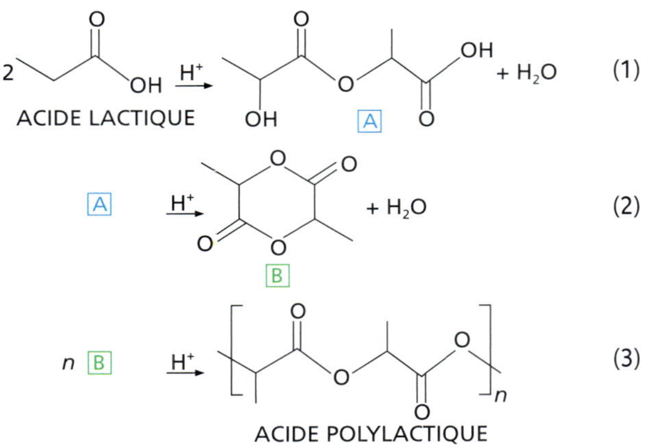

Fig. 2 Les trois réactions chimiques sont catalysées par des ions H^+. Dans l'équation (3), l'accolade indique que la molécule se reproduit *n* fois à l'identique. Cette partie du polymère s'appelle son *motif*.

a Reproduire les équations (1) et (2) en indiquant en bleu et en rouge les liaisons appartenant à chacune des deux molécules d'acide lactique.

b Écrire la formule du polymère avec trois motifs.

2 Préparation du PLA

▶ Peser précisément une fiole à vide et son bouchon, puis introduire une masse précise m_{AL} d'acide lactique voisine de 9 g.

▶ Relier la fiole à une trompe à eau et faire le vide. Constater une effervescence. Quand l'effervescence diminue, tremper la fiole dans un bain-marie à 80 °C-90 °C et maintenir sous vide. Ne pas entraîner de liquide dans le tuyau à vide. Quand l'effervescence cesse, déterminer la masse restante de liquide m'_{AL}.

▶ Introduire une masse précise d'acide sulfurique concentré, voisine de 1 g, (prendre toutes les précautions nécessaires). Mettre sous vide à température ambiante puis au bain-marie.

▶ Quand l'effervescence cesse, déterminer la masse d'acide lactique restant m''_{AL}.

▶ Isoler un peu du produit pâteux obtenu.

▶ Introduire 20 mL à 30 mL d'eau dans la fiole à vide et triturer le produit. Que constatez-vous ? Éliminer le liquide. Faire de même avec 10 mL d'acétone. Que constatez-vous ? Éliminer le liquide. Rincer à l'eau.

c Sous pression réduite, l'eau devient gazeuse. Expliquer d'où vient l'effervescence observée.

d Préciser le rôle de l'acide sulfurique.

e Les trois réactions sont lentes à température ambiante et sans catalyseur. En déduire pourquoi l'effervescence a cessé lors du premier chauffage puis repris après l'ajout d'acide.

f Interpréter la perte de masse totale.

g Préciser à quel moment le polymère est observé lors du lavage. En déduire la solubilité du PLA dans ces différents solvants.

Mots clés VIEILLISSEMENT, CORROSION, PROTECTION

▶ Comment les matériaux peuvent-ils se détériorer au cours du temps et comment les protéger ?

Les matériaux dont sont fabriqués les objets d'usage courant vieillissent et il est important de comprendre ce phénomène de détérioration afin de le prévenir au mieux. Dans le cas du fer, le vieillissement le plus visible est la **corrosion** (**figure 1**). Le fait que plus de 20 % de la production de fer ne serve qu'au remplacement du fer corrodé montre à quel point ce phénomène est important. D'autres matériaux, comme le papier, vieillissent sans que cela soit perceptible, mais avec le temps, les détériorations peuvent devenir catastrophiques.

DÉFINITIONS

La **corrosion** désigne l'oxydation d'un métal ou d'un alliage sous l'action de réactifs gazeux ou en solution. Le métal se transforme en ions métalliques qui se retrouvent dans un oxyde ou en solution.

Voir Exercice 5 p. 143

Fig. 1 Coque de navire et hélice corrodées.

Activité expérimentale

1 Corrosion et protection du fer

OBJECTIF **Observer et comprendre** le phénomène de corrosion électrolytique.

1 Observation du vieillissement des métaux

a Identifiez parmi les métaux fournis : le fer, le cuivre, le zinc et l'aluminium. Précisez les critères utilisés pour l'identification.

b Préciser si ces métaux ont subi une corrosion. Justifiez en utilisant la définition ci-dessus.

c Montrer que, lors de la corrosion du fer en oxyde de fer FeO, le métal se transforme en ion métallique. Mettre cette transformation en équation chimique en utilisant les couples O_2/H_2O et FeO/Fe.

2 Étude expérimentale de la corrosion électrochimique

PROTOCOLE

▶ Faire bouillir de l'eau avec 3 % d'agar-agar, 3 % de chlorure de sodium, 1 % de ferricyanure de potassium et quelques gouttes de phénolphtaléine.

▶ Quand l'eau bout, la laisser refroidir un peu et faire barboter de l'air dans la solution.

▶ Sans se brûler, verser le mélange dans une boîte de Pétri et y introduire un clou décapé au papier de verre.

▶ Préparer une seconde boîte de Pétri avec le même milieu de corrosion, mais entourer le clou en fer par un centimètre de fil de zinc avant de l'introduire dans la solution.

▶ Abandonner une heure environ et observer.

d Proposer des demi-équations qui justifient ces observations, sachant que le ferricyanure de potassium donne une coloration bleue en présence d'ions Fe^{2+}.

e En déduire que certaines zones du clou de la première expérience se corrodent.

f Décrire les observations suggérant que le fer ne s'est pas corrodé dans la seconde expérience.

g Une analyse plus fine de l'environnement du zinc de la seconde expérience montre que des ions Zn^{2+} ont été produits. Représenter ce qui se passe autour du fer et autour du zinc par deux demi-équations et en déduire qu'un seul des deux métaux s'est corrodé.

h Sur les bateaux dont certaines pièces immergées sont en fer, des blocs de zinc sont fixés. Expliquer leur intérêt et pourquoi il faut les remplacer de temps en temps.

Fig. 2 Coque de navire en acier et blocs de zinc.

2 Cinétique d'une corrosion

OBJECTIF **Suivre par titrage** une corrosion et mettre en évidence des facteurs cinétiques.

Les différentes conditions de cette expérience peuvent être partagées au sein de la classe.

PROTOCOLE

- Peser exactement 1,50 g de fer dans un erlenmeyer, soit en grenaille grossière soit en poudre fine.
- A l'instant initial de la cinétique (noter l'heure), y ajouter 70 mL d'acide sulfurique de concentration 2 $mol.L^{-1}$ ou 4 $mol.L^{-1}$ selon la condition souhaitée (attention acide dangereux).
- Remuer manuellement et observer.
- Au bout de quelques minutes, (noter l'heure), remuer à nouveau et prélever 5,00 mL de solution (ne permettre qu'aux plus petites bulles d'être présentes dans la pipette).
- Titrer ce prélèvement avec une solution de permanganate de potassium de concentration précisément connue entre $8{,}0.10^{-3}$ $mol.L^{-1}$ et $1{,}0.10^{-2}$ $mol.L^{-1}$.
- Une fois l'équivalence obtenue (noter le volume), rincer la verrerie et recommencer un prélèvement. Faire trois ou quatre mesures.

L'équation du titrage est

$5\ Fe^{2+} + MnO_4^- + 8\ H^+_{(aq)} \rightarrow 5\ Fe^{3+} + Mn^{2+} + 4\ H_2O$.

a Écrire l'équation chimique de la réaction entre le fer et l'acide. Justifier que cette réaction est une corrosion (utiliser la définition de la corrosion).

b Reporter les résultats dans un tableau indiquant la date du prélèvement, le volume équivalent et la concentration en ions Fe^{2+} dans la solution de corrosion au moment du prélèvement et tracer le graphe de l'évolution temporelle de la corrosion.

c Comparer aux résultats des binômes ayant travaillé dans d'autres conditions et en déduire les facteurs cinétiques impliqués.

d Proposer un autre facteur cinétique et donner un mode opératoire permettant de les tester.

3 Vieillissement du papier

OBJECTIF **Étudier** le processus de vieillissement du papier et le principe de protection par le diéthylzinc.

Depuis l'avènement de l'écriture, la conservation des textes a permis la transmission de la connaissance, sur tablette d'argile puis sur parchemin. Le papier est aujourd'hui devenu le support privilégié de l'information.

Le papier a été fabriqué dès le Moyen Âge à partir des fibres de chiffons recyclés. La demande devenant trop forte, il a fallu trouver de nouvelles sources de fibres. La cellulose du bois s'est imposée au milieu du XIXe siècle, mais au prix d'un procédé chimique mal maîtrisé. Pendant près d'un siècle, le papier était faiblement acide ce qui a entraîné son vieillissement prématuré. Le papier jaunissait au fil du temps et devenait cassant. Le procédé au diéthylzinc a permis de stopper la dégradation des ouvrages vieillissants, voire même de leur donner une relative jeunesse.

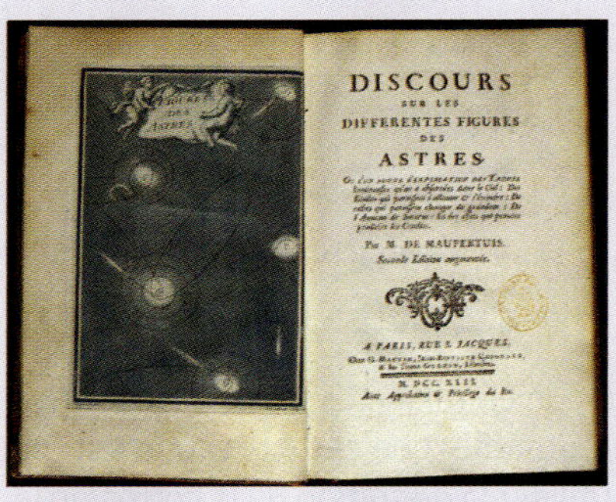

Fig. 3 Ouvrage ancien dont le papier a jauni.

1 Étude du vieillissement du papier

a Définir un acide au sens de Brønsted.

b L'acidité, même faible au sein du papier, cause une hydrolyse de la cellulose **(Fig. 4)**. Comment cette figure fait-elle apparaître la nécessité d'un milieu acide ? Quelle autre condition est-il nécessaire d'avoir pour que la dégradation ait lieu ?

c Pourquoi ce mécanisme traduit-il une fragilisation du papier ?

2 Principe de la protection du papier par le diéthylzinc

Le diéthylzinc $(C_2H_5)_2Zn$ est un gaz qui réagit avec les constituants du papier suivant les deux équations :

$(C_2H_5)_2Zn + H_2O \rightarrow 2\ C_2H_6 + ZnO$

$(C_2H_5)_2Zn + 2\ H^+ \rightarrow 2\ C_2H_6 + Zn^{2+}$

d Pourquoi le diéthylzinc diminue-t-il le vieillissement dû à l'acidité du papier ?

e Quel est le nom de C_2H_6 produit ?

f Dans les conditions normales, quel est l'état physique de cet hydrocarbure et que devient-il lors de ce processus ?

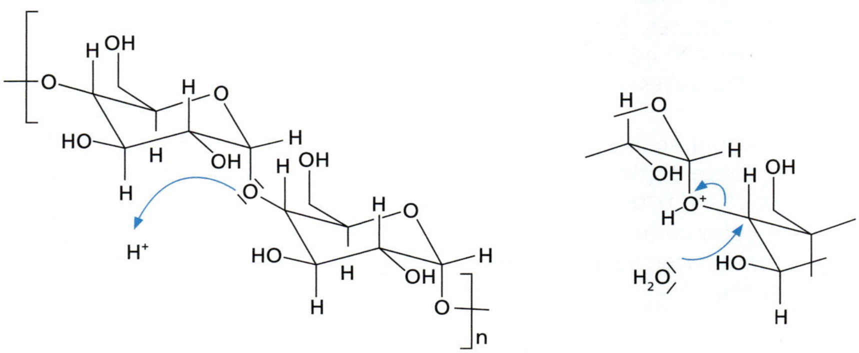

Fig. 4 Mécanisme de dégradation des fibres du papier acide.

Mots clés

RECYCLAGE, ÉLIMINATION

▶ Un objet en plastique qui arrive en fin de vie est jeté. Mais que devient la matière plastique qui le constitue ?

Le tri est devenu un reflexe écocitoyen quotidien pour aider à valoriser nos déchets. Si 67 % des métaux et des verres sont recyclés, les matières plastiques le sont beaucoup moins. Ces matériaux sont impliqués dans une valorisation énergétique évitant de surcroît le dépôt en décharge. Afin de comparer au mieux les différentes techniques de traitement des déchets, une **analyse de cycle de vie** est effectuée.

Fig. 1 Usine d'incinération.

DÉFINITIONS

L'analyse de cycle de vie est une méthode de calcul des impacts environnementaux d'un produit, de sa production à son élimination. Les indicateurs retenus sont : la consommation d'énergie pour le produire, le Bilan Carbone®, la consommation de pétrole, etc. Les calculs prennent en compte les impacts liés à chaque étape du recyclage mais également ceux que le recyclage permet d'éviter.

Point méthode

Calculer un rendement de conversion

Le rendement de conversion η correspond au rapport des énergies utiles transférées sur l'énergie totale reçue, tel que :

$$\eta = \frac{\text{énergie utile transférée}}{\text{énergie totale reçue}}$$

Activité documentaire

1 Valorisation des plastiques usagés

OBJECTIF **Savoir** exploiter et mettre en relation divers documents.

Dans une poubelle de tri, le plastique est, dans certains cas, fondu et réutilisé pour faire d'autres objets en plastique. C'est la **valorisation matière**. S'il a été jeté dans une poubelle ordinaire, il est soit incinéré, et l'énergie qu'il produit sert au chauffage – c'est la **valorisation énergétique** – soit enfoui dans une décharge où il va rester entreposé pendant des siècles sans se transformer.

Facteur d'émission de gaz à effet de serre	Notation	Émission
Production de 1 t de plastique neuf	EGS_N	800 kg éq C/t.
Production de 1 t de plastique 100 % recyclé	EGS_R	300 kg éq C/t
Incinération de 1 t de plastique	EGS_I	470 kg éq C/t
Production d'électricité	EGS_e	60 g éq C/kWh
Chauffage résidentiel	EGS_Q	100 g éq C/kWh
Transport des déchets pour traitement	EGS_T	4 kg éq C/t

Fig. 2 Émission de gaz à effet de serre (EGS) en équivalent carbone.

Données :

1 kg éq C correspond à la masse de carbone contenue dans les émissions de dioxyde de carbone dans l'air. Attention, les émissions sont données en fonction de la masse de plastique mise en jeu ou de l'énergie utilisée.

1 J correspond à 1 W.s.

1 Choix de l'enfouissement

D'un point de vue énergétique, un objet en matière plastique mis en décharge ne coûte que le transport du camion poubelle.

a Analyser le cycle de vie des déchets plastiques enfouis pour l'indicateur Bilan Carbone®, à l'aide des données de la **figure 2**. Exprimer le résultat en kg CO_2.

2 Choix de la valorisation matière ou régénération

Le recyclage consiste à nettoyer les matériaux, à les trier suivant leur composition chimique, puis à les broyer pour les mouler en un nouvel objet. Une telle opération nécessite un peu d'énergie (transport et transformation). En contrepartie, la matière plastique recyclée n'est pas à produire, ce qui constitue une économie énergétique et une économie de pétrole. Ainsi, une tonne de plastique recyclé économise 0,7 t de pétrole.

b Analyser le cycle de vie des déchets plastiques recyclés pour les indicateurs :
- Bilan Carbone® (en kg CO_2),
- consommation de pétrole (en tonne).

3 Choix de la valorisation énergétique ou incinération

Cette valorisation consiste à utiliser l'énergie de la combustion qui sert à détruire définitivement l'objet en plastique dont le fort pouvoir calorifique (C_m = 23 MJ. kg^{-1}) permet de produire de l'électricité et de la vapeur (utilisée ensuite pour du chauffage). Cette incinération produit du CO_2. Le bilan carbone de cette incinération est, par définition, la masse de CO_2 ainsi produite diminuée de la masse de CO_2 qui serait produite pour obtenir la même quantité d'énergie à partir de méthane.

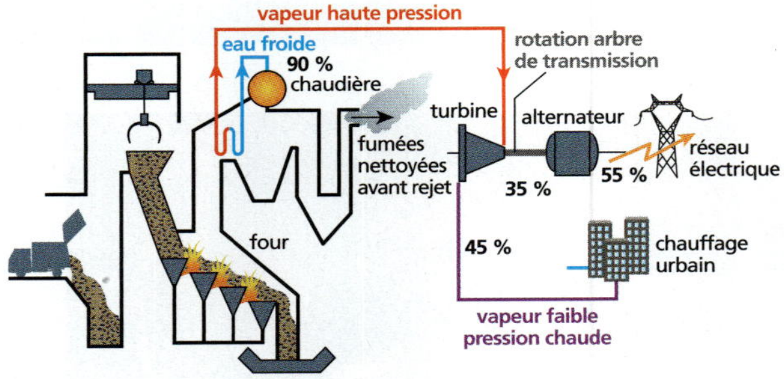

Fig. 3 Schéma de principe d'un incinérateur.

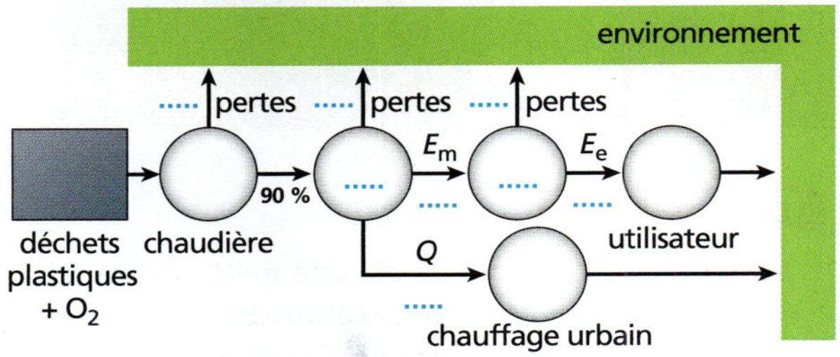

Fig. 4 Chaîne énergétique de l'incinérateur.

c Recopier et compléter la chaîne énergétique de la **figure 4** pour la faire correspondre à l'incinérateur schématisé **figure 3**.

d Calculer l'énergie E produite par la combustion de 1 t de déchets plastiques.

e Estimer les énergies (en kWh), thermique Q et électrique E_e, récupérées par incinération.

f Analyser le cycle de vie des déchets plastiques incinérés pour les indicateurs :
- bilan d'énergie (en joule),
- Bilan Carbone® (en kg CO_2).

g Justifier que l'électricité produite ne peut être prise en compte dans un bilan de consommation de pétrole.

4 Conclusion

h Comparer dans une synthèse d'environ vingt lignes les avantages et inconvénients de chaque type de traitement des déchets plastiques. Conclure quant à la pertinence des choix actuels et proposer l'évolution que vous jugerez la plus judicieuse à venir aux vues des bilans établis ci-dessus.

Chapitre

8 Structure et propriétés

Champ de panneaux photovoltaïques.

Mots clés et méthodes associées

- **Conducteurs, supraconducteurs** ▶ Vérifier l'influence d'un paramètre sur une grandeur.
- **Cristaux liquides**
- **Semiconducteurs, photovoltaïques** ▶ Représenter la caractéristique courant-tension d'un dipôle AB.
- **Membranes**
- **Colles, adhésifs**
- **Tensioactifs, émulsions, mousses**

Mots clés

CONDUCTEURS, SUPRACONDUCTEURS

▶ **Comment le train Maglev a-t-il décroché le record mondial de vitesse ?**

L'utilisation de l'électricité implique des matériaux **conducteurs** : métaux, solutions ou cristaux ioniques, ou certains solides comme le graphite. La conduction électrique s'accompagne de dissipation d'énergie par **effet Joule**. Pour le limiter, de nombreuses recherches sont en cours sur les matériaux **supraconducteurs**, qui peuvent constituer des solutions d'avenir pour l'acheminement de l'électricité ou pour des applications plus inattendues, comme la sustentation électromagnétique à aimants supraconducteurs **(Fig. 1)**.

Fig. 1 Le Maglev, train japonais à sustentation magnétique.

DÉFINITIONS

Un **conducteur électrique** est un matériau dans lequel la circulation d'un courant électrique (*via* des électrons ou des ions) est possible.

Un **conducteur ohmique** est caractérisé par la **loi d'Ohm** : $U_{AB} = RI$ **(Fig. 2)** où R est la **résistance** du dipôle (en Ω). Il dissipe tout le travail électrique qu'il reçoit par **effet Joule** (transfert thermique).

Un **supraconducteur** est un conducteur ohmique à température ambiante. Il change d'état en-dessous d'une température critique : sa résistance devient nulle.

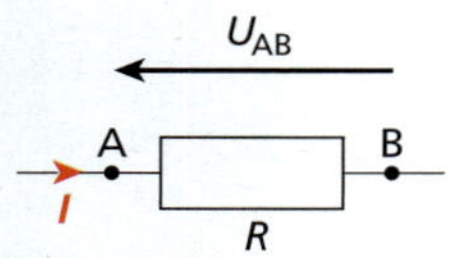

Fig. 2 Conducteur ohmique.

Voir Exercices 6 p. 144

Point méthode

Vérifier qualitativement l'influence d'un paramètre sur une grandeur

Soit une grandeur y dépendant du paramètre x selon une loi connue $y = f(x)$. Pour savoir qualitativement comment une modification de x influe sur y, il faut étudier les variations de la fonction f. Si elle est croissante, alors y augmente quand x augmente. Si elle est décroissante, alors y diminue quand x augmente.

Activité expérimentale

1 Les conducteurs ohmiques, du microscopique au macroscopique

OBJECTIF **Comprendre** le lien entre structure microscopique d'un conducteur ohmique et loi d'Ohm macroscopique.

1 Étude d'un conducteur ohmique

Une solution ionique conduit l'électricité, elle peut donc être étudiée comme un dipôle électrique.

PROTOCOLE

▶ Réaliser le montage de la **figure 3**.

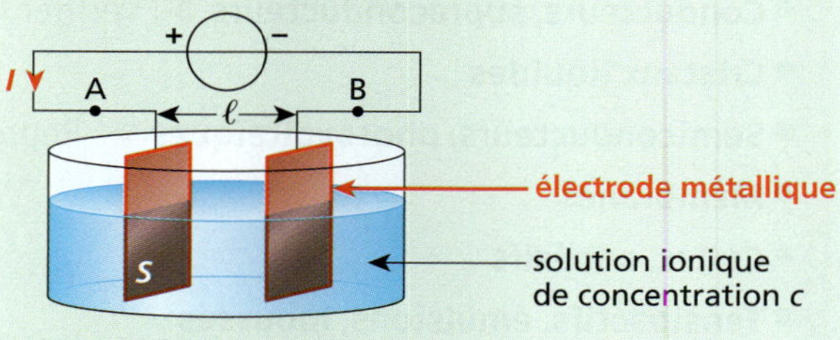

Fig. 3 Étude d'une portion de solution.

▶ En faisant varier la tension, vérifier que ce dipôle se comporte comme un conducteur ohmique.
▶ Prévoir l'influence sur la résistance R du dipôle des paramètres suivants : longueur ℓ de solution traversée ; superficie S des électrodes immergées ; concentration c de la solution. Les vérifier expérimentalement.

a Montrer que ces observations sont compatibles avec l'expression de la résistance $R = \frac{\ell}{S\sigma}$ où σ est la conductivité de la solution.

b Proposer d'autres paramètres dont peut dépendre R et prévoir leur influence.

2 Du microscopique au macroscopique

Considérons qu'un seul ion assure le transport de charge électrique. Cet ion est représenté par une sphère de charge électrique q et de masse m en mouvement rectiligne et uniforme horizontal à la vitesse $\vec{v}$ entre les plaques, sous l'effet du champ électrique $\vec{E}$ créé par la tension U_{AB}. L'ensemble des frottements subis par l'ion est modélisé par une force vérifiant la loi de Stokes $\vec{f} = -k\vec{v}$ (k : constante dépendant de l'ion et du solvant).

c Faire le bilan des forces subies par cet ion et les représenter sur un schéma.

d Montrer qu'il est possible d'écrire $qE = kv$.

e L'intensité du courant dans la portion de solution est un débit de charge. En notant n_V le nombre d'ions par unité de volume, l'intensité du courant peut s'écrire $I = n_V Sqv$. Vérifier l'homogénéité de cette relation par analyse dimensionnelle.

f En déduire qu'il est possible d'écrire $U_{AB} = RI$, et exprimer R en fonction de ℓ, S, n, q et k.

g Retrouver la loi de Kohlrausch $\sigma = \lambda c$. Donner l'expression de la conductivité molaire ionique λ en fonction de q, k et de la constante d'Avogadro N_A.

h Rédiger un texte reprenant ce raisonnement, menant de considérations microscopiques à la loi d'Ohm en l'adaptant au cas d'un conducteur ohmique solide utilisé en électronique.

Activité documentaire

2 Les supraconducteurs

OBJECTIF

Comprendre l'intérêt de la supraconductivité.

Le matériau ayant la température critique la plus élevée actuellement passe dans l'état supraconducteur en dessous de 133 K.

Un électron lancé dans un conducteur finit par s'arrêter car il y est freiné. Au contraire, dans un supraconducteur, les électrons peuvent circuler indépendamment de toute tension électrique, créant alors un champ magnétique. Ainsi, du fait de l'effet Meissner, un matériau supraconducteur lévite dans un champ magnétique (**Fig. 4**).

Fig. 4 Lévitation d'un supraconducteur par effet Meissner.

À l'aide des documents de la double-page et de vos propres recherches, rédiger un texte de synthèse expliquant pourquoi les supraconducteurs sont devenus un enjeu industriel majeur. Décrire deux applications importantes des supraconducteurs et envisager les problèmes rencontrés et les questions à résoudre pour ces utilisations.

Mot clé CRISTAUX LIQUIDES

▶ **Comment un cristal peut-il être liquide ?**

Écrans de télévision, montres, thermomètres, etc., tous ces objets ont en commun d'avoir été transformés avec l'affichage à cristaux liquides.

Voir Exercice 7 p. 145

Fig. 1 Montre avec affichage à cristaux liquides.

Activité documentaire

1 De l'étude du cristal liquide à son utilisation

OBJECTIF **Étudier** différentes structures des cristaux liquides et la relation entre structure et propriété optique pour comprendre le principe de l'affichage à cristaux liquides.

La matière est connue pour exister à l'état solide, comme les cristaux dont les constituants microscopiques sont parfaitement ordonnés, et dans les états liquide et gaz qui ne présentent pas d'ordre. En 1861, Planer, puis en 1888, Reinitzer, décrivaient l'observation des deux points de fusion du nanoate de cholestéryle, à 78,6 °C et à 91,2 °C. Sans le savoir, ils faisaient la première observation d'un cristal liquide dont les études physiques devaient attendre 1920. C'est en 1970 qu'un français, Pierre-Gilles de Gennes, établissait ce domaine comme un nouveau domaine de la physique, ce qui lui valu le prix Nobel en 1991.

1 Un nouvel état de la matière

2

3

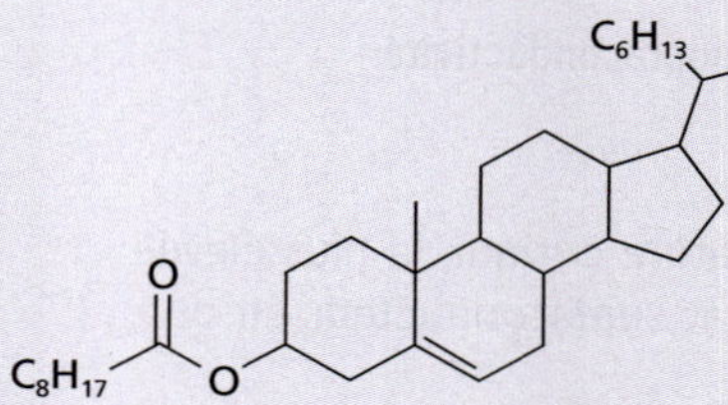

4

5

Fig. 2 Représentation d'un cristal liquide lamellaire (appelée mésophase smectique) constitué de plans au sein desquels les bâtonnets sont libres de se déplacer, mais sans pouvoir changer de plan.

Fig. 3 Représentation d'une mésophase nématique. Les bâtonnets sont plus ou moins tous dans la même direction mais leurs centres de gravité sont aléatoirement positionnés.

Fig. 4 Nanoate de cholestéryle.

Fig. 5 Mésophase cholestérique.

a Certaines molécules, modélisées ici par des bâtonnets, existent bien cristallisées, mais en fondant, elles ne se retrouvent pas dans un état complètement désorganisé, caractéristique de l'état liquide : elles conservent une certaine organisation **(Fig. 2)**. Donner des arguments qui montrent que la structure, dite smectique, de la **figure 2** n'est ni un cristal ni un liquide.

b Expliquer pourquoi une telle structure peut être considérée comme un liquide à deux dimensions.

c La mésophase (*méso* = intermédiaire) smectique **(Fig. 2)** peut également fondre pour donner la mésophase dite nématique de la **figure 3**. Expliquer dans quelle mesure la mésophase nématique est plus désordonnée que la mésophase smectique, mais moins que l'état liquide.

d Le nanoate de chlolestéryle **(Fig. 4)** peut être introduit en petite quantité dans une mésophase smectique (ou nématique). Un autre type de mésophase apparaît, appelée cholestérique **(Fig. 5)**. Montrer que le nanoate de chlolestéryle est chiral, et que la phase cholestérique l'est également.

2 Cristaux liquides et diffraction

Une expérience de diffraction peut être menée à partir d'une fente, mais aussi à partir d'objets régulièrement espacés. Si un cristal liquide nématique est étudié par diffraction avec des rayons X, la figure en arrière-plan de la **figure 6** est obtenue.

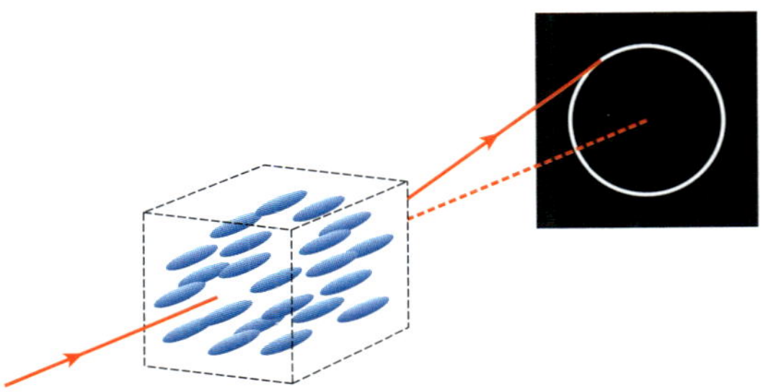

Fig. 6 Expérience de diffraction réalisée à l'aide d'un cristal liquide nématique positionné horizontalement.

e Décrire une expérience de diffraction connue, préciser son intérêt et indiquer quelle propriété doit posséder l'onde utilisée.

f Justifier l'utilisation de rayons X (de longueur d'onde de l'ordre de 10^{-10} m) dans ce cas.

g Expliquer l'intérêt du résultat de cette expérience.

h Pourquoi aucune image de diffraction ne serait obtenue si cette mésophase nématique avait été analysée verticalement ?

3 Systèmes frustrés

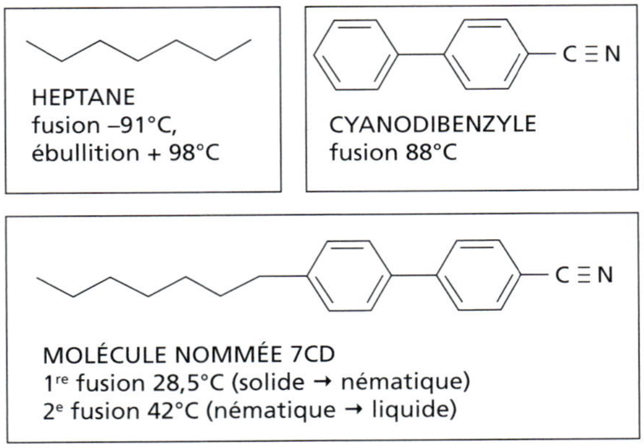

Fig. 7 Formules et températures de fusion de l'heptane, du cyanodibenzyle et de la molécule nommée 7CD.

La **figure 7** donne les deux températures de fusion du composé nommé 7CD, utilisé pour l'affichage. La présence des deux températures de fusion s'explique par le fait qu'une partie de la molécule de 7CD pourrait fondre à basse température contrairement à l'autre partie. La situation est appelée fusion frustrée.

i Quelles données permettent de supposer que les deux parties de la molécule de 7CD auraient tendance à fondre à des températures différentes ?

j La façon de vaincre la frustration du 7CD est de créer une mésophase nématique, à partir de 28,5 °C, ce qui minimise l'énergie interne du 7CD. Cependant, en présence d'un champ électrique intense (20 000 $V.cm^{-1}$), d'autres forces microscopiques s'exercent et une nouvelle mésophase est créée. Celle-ci apparaît noire ou incolore selon qu'elle est ou non en présence d'un champ électrique.
Proposer un dispositif qui utilise cette propriété pour élaborer un affichage à cristaux liquides.

Mots clés SEMI-CONDUCTEURS, PHOTOVOLTAÏQUES

▶ **Comment une photodiode fonctionne-t-elle ?**

L'invention, en 1947, du transistor, a permis la réalisation de composants sans cesse plus performants et plus petits, lançant l'ère de l'électronique. Ces composants utilisent tous des propriétés particulières des matériaux **semi-conducteurs**. Aujourd'hui, certains d'entre eux sont utilisés non plus pour la réalisation de fonctions électroniques, mais pour la conversion de rayonnement en électricité dans les cellules **photovoltaïques**.

DÉFINITIONS

Dans un solide, l'énergie d'un électron peut prendre des valeurs situées dans des bandes.

Bande de valence : c'est la plus haute bande remplie d'électrons, l'électron est lié à l'atome.

Bande de conduction : l'électron peut circuler dans le solide et générer un courant électrique.

L'énergie séparant ces bandes, nommée **gap** définit les caractéristiques du matériau **(Fig. 1)**.

Semi-conducteurs : un apport d'énergie permet à des électrons de valence de passer dans la bande de conduction, ce qui rend le matériau un peu conducteur.

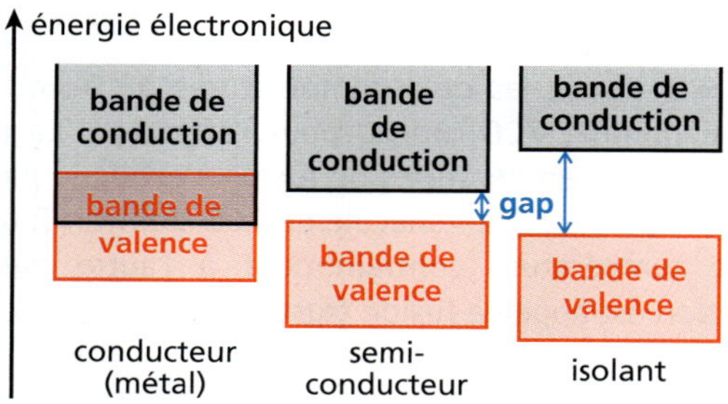

Fig. 1 Bandes d'énergies électroniques.

Pour créer un semi-conducteur, il est possible de **doper** un matériau, par exemple le silicium, en y ajoutant des impuretés. Dans un cristal de silicium chaque atome de silicium forme quatre liaisons covalentes avec les atomes voisins.

Matériau dopé N (négativement) : les impuretés ont plus de quatre électrons sur leur couche externe (cas du phosphore) créant localement un excès d'électrons.

Matériau dopé P (positivement) : les impuretés ont moins de quatre électrons externes (cas de l'aluminium), il y a un défaut d'électrons, appelé **trou**.

Une **jonction PN** est obtenue en accolant un matériau dopé P et un matériau dopé N **(Fig. 2)**.

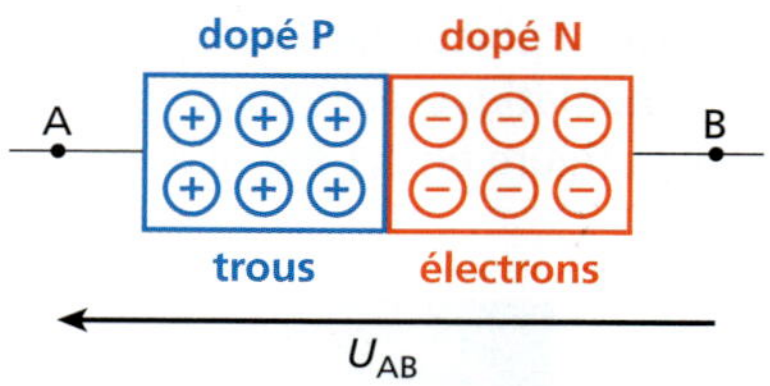

Fig. 2 Jonction PN.

Voir Exercice 1 p. 140
TP bac p. 138

Point méthode

Représenter la caractéristique d'un dipôle AB

La **caractéristique courant-tension** d'un dipôle AB est la courbe représentant l'intensité I du courant qui le parcourt en fonction de la tension U_{AB} entre ses bornes.

Elle peut s'obtenir, à l'aide du montage de la **figure 3**, en faisant varier la tension délivrée par le générateur (sans oublier les valeurs négatives) et en mesurant les valeurs de I à l'ampèremètre et celles de U_{AB} au voltmètre (non représentés sur le schéma).

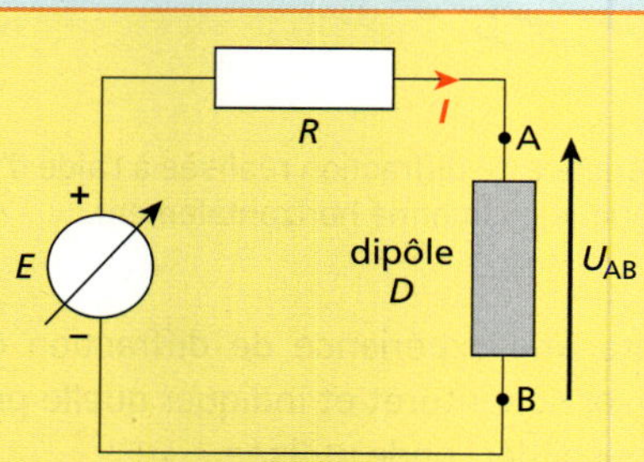

Fig. 3 Montage pour obtenir la caractéristique d'un dipôle.

1 Jonction PN d'une diode et étude d'une photodiode

OBJECTIF Comprendre le fonctionnement de la jonction PN de la diode et le fonctionnement d'une photodiode.

1 Fonction d'une jonction PN

Dans un circuit, une jonction PN forme un dipôle appelé diode, dont une caractéristique courant-tension simplifiée est donnée en **figure 4**.

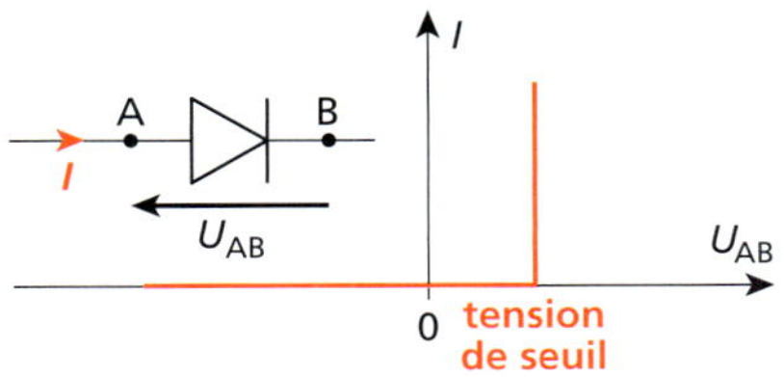

Fig. 4 Symbole et caractéristique idéale de la diode.

a Une tension U_{AB} positive est appliquée à la diode. Compléter le dessin de la **figure 2** en représentant le champ électrostatique $\vec{E}$ régnant dans la diode et les forces exercées sur les électrons et les trous.

b À l'aide de la notion de gap, justifier qu'une tension minimale (*tension de seuil*) soit nécessaire pour mettre les électrons en mouvement.

c Prévoir ce qui se passe lorsque des électrons et des trous arrivent près de la jonction. Justifier alors la partie droite du graphe de la **figure 4**.

d Si U_{AB} est maintenant négative, justifier, en vous inspirant des questions précédentes, la partie gauche du graphe de la **figure 4**.

2 Étude d'une photodiode

Une cellule photovoltaïque, utilisée dans la production d'électricité, est souvent composée d'un type particulier de diode nommé photodiode (**Fig. 5**).

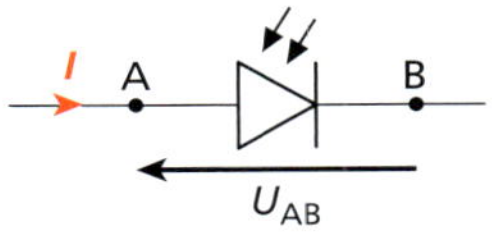

Fig. 5 Symbole d'une photodiode.

PROTOCOLE

▶ Tracer la caractéristique d'une photodiode, dans deux cas :
- en la maintenant dans l'obscurité ;
- en l'éclairant avec une source de lumière blanche.

e La photodiode non éclairée se comporte comme n'importe quelle diode. Déterminer graphiquement sa tension de seuil.

f Quelles différences s'observent sur les caractéristiques tracées par rapport à la **figure 4** ?

g Montrer que la photodiode éclairée se comporte comme un générateur électrique, délivrant un courant dont l'intensité I_{cc} sera déterminée à l'aide de la caractéristique de la photodiode éclairée.

h Expliquer d'où provient l'énergie qui permet aux électrons de franchir le gap dans ce cas.

PROTOCOLE

▶ Réaliser le montage de la **figure 6**, avec une résistance variable R de valeur initiale 100 Ω, en ajoutant les ampèremètre et voltmètre pour mesurer I et U_{AB}.

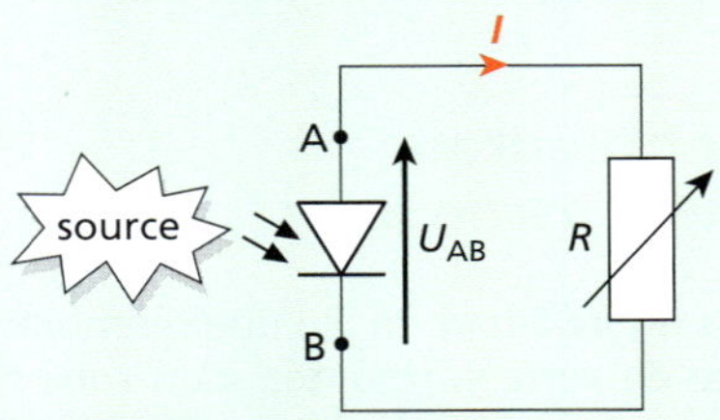

Fig. 6 Éclairement d'une photodiode.

▶ Observer les variations de I et U_{AB} lorsque :
- la résistance R augmente ;
- le flux lumineux augmente (faire varier par exemple la distance source-photodiode) ;
- un filtre coloré est intercalé entre la source lumineuse et la photodiode.

i Présenter les résultats et conclusions en décrivant le comportement de la photodiode et en faisant apparaître comment produire de l'électricité à l'aide de cellules photovoltaïques.

Mot clé

MEMBRANES

DÉFINITIONS

Les membranes sont des films séparant deux milieux liquides. Elles laissent sélectivement passer certains solutés ou certains solvants. Naturelles, elles sont omniprésentes en biologie et enveloppent les cellules, séparant le milieu cellulaire du liquide dans lequel elles baignent. Artificielles, elles servent aussi bien à la dialyse dans les reins artificiels, à la filtration pour la purification de l'eau ou à la séparation de compartiments électrolytiques.

Fig. 1 Usine de désalinisation.

Activité documentaire

1 L'osmose inverse

OBJECTIF **Étudier** les caractéristiques du phénomène de l'osmose inverse

1 Étude expérimentale du phénomène d'osmose

L'expérience de la **figure 2** met en jeu une membrane fixée à une pièce en verre surmontée d'un tube fin de diamètre d = 1,0 mm. La membrane délimite un compartiment à eau salée à au moins 150 g.L^{-1}. La membrane peut être du boyau de dialyse ou de la cellophane. Elle trempe dans un cristallisoir d'eau pure. Après quelques heures, le niveau du liquide est monté dans le tube d'une hauteur h = 3,2 cm.

a Comment évolue la concentration en sel dans le compartiment contenant l'eau salée ?

b En considérant les dimensions du tube fin, déterminer la masse d'eau qui est montée dans le tube.

c En déduire la valeur de l'excès de pression créée sur la membrane dans le compartiment d'eau salée. Cette pression est appelée pression osmotique.

d Bien que la concentration en sel change dans ce compartiment, justifier pourquoi une telle expérience ne peut être utilisée pour dessaler l'eau de mer.

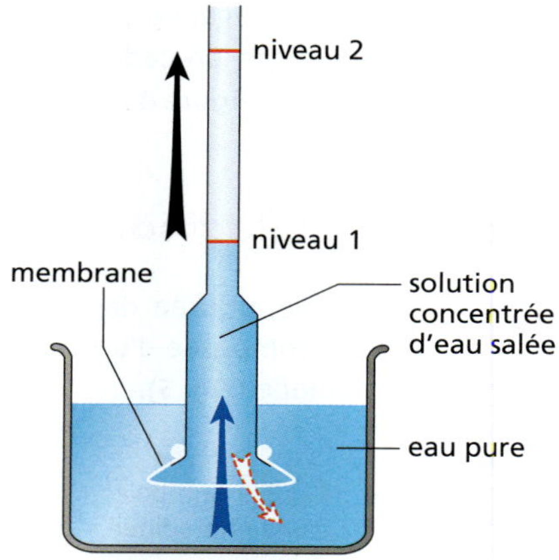

Fig. 2 Phénomène d'osmose.

2 Utilisation industrielle du phénomène d'osmose

L'osmose inverse est un procédé qui consiste à mettre sous pression, avec une pompe, le compartiment d'eau salée, ce qui provoque le passage des molécules d'eau (et d'une petite partie des ions contenu dans le sel) au travers de la membrane.

Un procédé industriel d'osmose inverse est décrit **figure 3**. Les cellules contenant la membrane sont figurées par des rectangles barrés. Le circuit de l'eau est indiqué par des flèches.

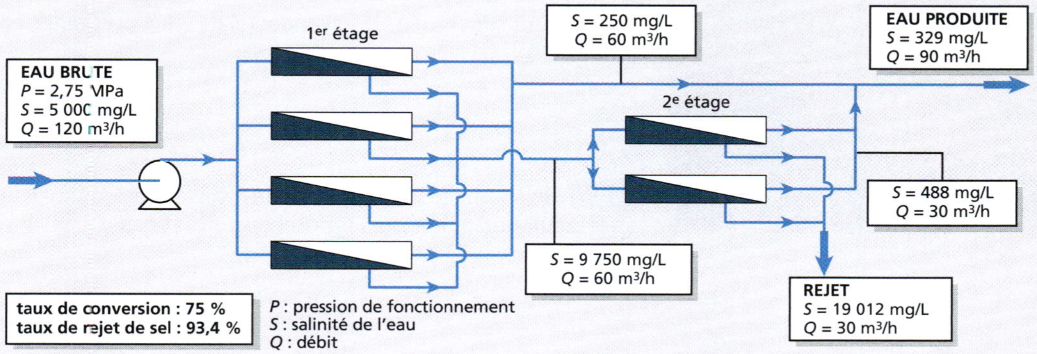

Fig. 3 Montage d'osmose inverse en série-rejet.

e Justifier le nom d'osmose inverse.

f D'après la **figure 3**, montrer que, *via* ce procédé industriel, il n'y a ni perte d'eau ni perte de sel entre l'eau brute et l'ensemble {eau produite+rejet}.

g Quelle serait la qualité de l'eau produite s'il n'y avait qu'un étage de filtration ?

h À quelle hauteur d'eau correspondrait la pression imposée dans ce procédé ?

i Justifier l'utilisation de ce procédé puis citer une application.

j Les membranes utilisées pour l'osmose inverse sont, suivant les eaux à traiter, en acétate de cellulose ou en polyamide (c'est-à-dire en Nylon®, voir **figure 4**). Justifier le nom de polyamide.

k Le polyamide est industriellement préparé à partir de l'acide hexanedioïque et du 1,6-diaminohexane. Donner une représentation de ces deux molécules.

l Au laboratoire le diacide est remplacé par le réactif A **(fig. 4)** plus coûteux, mais plus simple à mettre en œuvre dans cette réaction.

Quelle est la polarité du carbone placé en bout de chaîne ?

m Donner des arguments au fait que l'étape de mécanisme de la **figure 4** est pertinente pour rendre compte de la synthèse du polyamide.

3 Étude microscopique

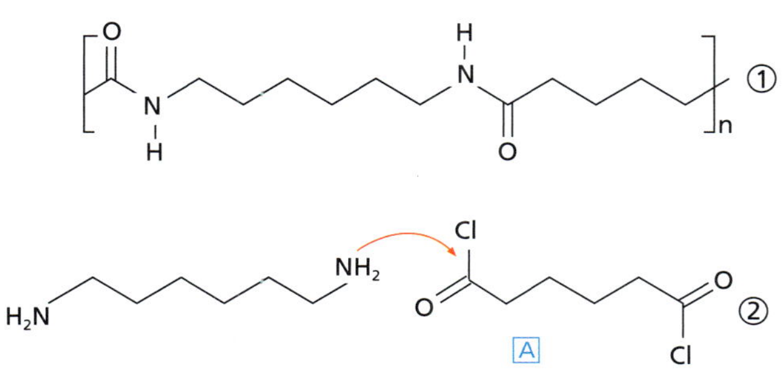

Fig. 4 ① Polyamide. ② Étape de mécanisme de synthèse du polyamide.

Mots clés COLLES ET ADHÉSIFS

▶ Pourquoi les colles collent ?

Coller c'est assembler deux pièces par leur surface. Depuis toujours, l'Homme colle, par exemple pour fixer des pointes de flèche en pierre sur des baguettes, ou pour élaborer des matériaux de construction **(Fig. 1)**. Aux colles naturelles comme les résines d'arbres se sont aujourd'hui substituées les cyanoacrylates, les uréthanes et autre araldites®.

Fig. 1 Bois lamellé collé. Permet de réaliser des constructions spectaculaires que le bois naturel ne permet pas.

Activité expérimentale

1 Effectuer un collage

OBJECTIF **Comprendre** par une démarche expérimentale les facteurs influençant le collage.

L'état de surface des pièces à coller est capital, ce qu'illustre cette expérience.

PROTOCOLE

- ▶ Tarer une balance avec une pièce de bois mélaminé de dimension voisine de 10 cm × 20 cm.
- ▶ Ajouter une goutte de colle thermofusible déposée au pistolet, noter la masse, et appliquer immédiatement une pièce identique comme sur la **figure 2**. Presser fortement cinq secondes.
- ▶ Une minute après le collage, estimer la force F qu'il faut exercer pour décoller l'assemblage.
- ▶ Rayer deux pièces de bois identiques à celle de l'expérience précédente, à l'aide d'un papier de verre grossier (n° 80 ou moins).
- ▶ Assembler ces pièces en déposant à peu près la même quantité de colle thermofusible que précédemment.
- ▶ Estimer la nouvelle force F' de désassemblage et la comparer à F.

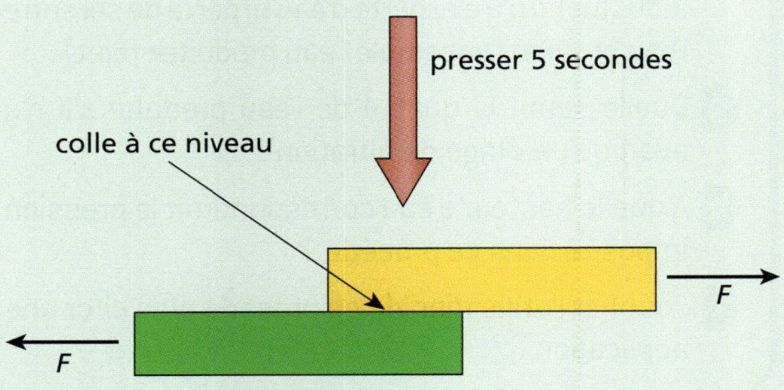

Fig. 2 Assemblage des pièces et sens de la traction pour le désassemblage.

a La colle utilisée ici possède une propriété essentielle : une viscosité beaucoup plus faible à chaud qu'à froid. Proposer une définition de cette notion qui sera illustrée en comparant la première expérience et ce qui se serait passé si la force F avait été exercée immédiatement après une seconde de pressage.

b Un adhésif est d'autant plus efficace que l'aire des surfaces collées est grande. À l'aide d'une représentation très grossie de la surface rayée, justifier que F' soit nettement supérieure à F.

L'araldite est une colle à deux composants. Le premier est un *prépolymère* ; le second, qui est un *catalyseur*, est mélangé au premier et en provoque la *polymérisation* et la *réticulation*.

c Préciser le sens des quatre termes en italique et justifier que la colle thermofusible ne fonctionne pas ainsi, par exemple en proposant une expérience supplémentaire.

Activité documentaire

2 La colle au cyanoacrylate

OBJECTIF **Comprendre** le principe d'adhésion moléculaire.

L'adhésion moléculaire est une technique de fixation de deux surfaces parfaitement lisses qui, lorsqu'elles sont mises en contact, permettent aux atomes de leur surface de former des liaisons covalentes.

a En supposant que deux substances parfaitement au contact établissent des liaisons chimiques entre leurs atomes de surface, proposer un modèle qui réponde à la question : pourquoi la colle colle-t-elle ? Pour cela, partir de la représentation de deux surfaces rugueuses qu'il faut assembler **(Fig. 3)**.

Fig. 3 Représentation exagérément grossie de deux surfaces rugueuses à assembler par collage.

La colle cyanoacrylate est constituée d'une espèce chimique appelée cyanoacrylate de méthyle qui peut réagir sur elle-même pour former un polymère.

b Identifier deux des groupes caractéristiques sur le monomère **(Fig. 4)**.

c Donner le produit de l'étape du mécanisme de polymérisation représentée **figure 5**. Montrer qu'il s'est formé un carbone asymétrique.

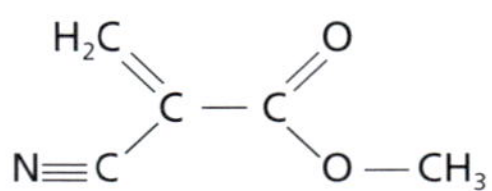

Fig. 4 Cyanoacrylate de méthyle.

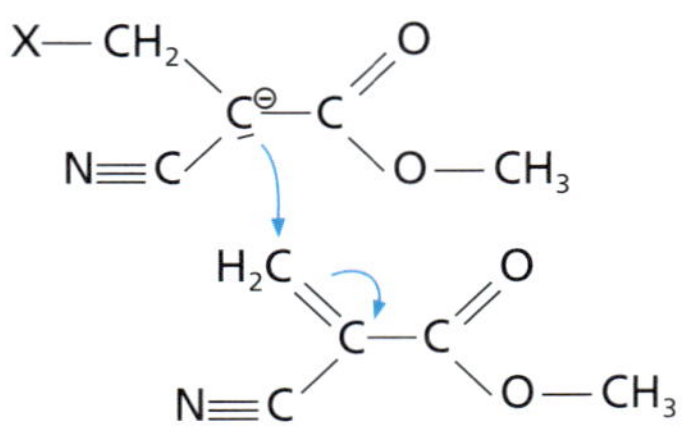

Fig. 5 Étape de la polymérisation du cyanoacrylate de méthyle.

Mots clés TENSIOACTIFS, ÉMULSIONS, MOUSSES

Fig. 1 Mousse de betterave.

▶ **Comment fabriquer une mousse ? Comment stabiliser une émulsion ?**

Les **mousses** et les **émulsions** sont des objets utilisés pour faire des crèmes en cosmétique, des desserts pour les repas festifs ou des matériaux isolants. Leur comportement étonnant utilisé depuis l'Antiquité est compris depuis peu par les physiciens et exploité avec de nombreuses applications.

DÉFINITIONS

Une **émulsion** est un mélange de deux liquides non miscibles, dont l'un est dispersé dans l'autre sous forme de petites gouttes de diamètre compris entre 100 nm et 100 µm. Une émulsion entre liquides incolores apparaît blanche-laiteuse. Le terme *émulsion* vient du latin *emulsus* participe passé du verbe signifiant *traire, tirer du lait*.

Un **tensioactif** est un composé qui modifie le comportement de la surface des liquides. Les molécules ou les ions de tensioactifs contiennent un groupe d'atomes qui établit des liaisons hydrogène avec l'eau (par exemple $-COO^-$) alors que le reste de la molécule n'en établit pas (par exemple $-C_nH_{2n+1}$).

Une **mousse** est un système constitué de petites poches de gaz, emprisonnées dans un liquide ou un solide, d'un diamètre compris entre 50 µm et plusieurs millimètres. Ces poches de gaz peuvent être fermées comme avec les matériaux isolants, ou ouvertes comme dans les éponges.

Voir TP bac 2 p. 139

Activité expérimentale

1 Préparation de deux émulsions

OBJECTIF : **Découvrir** expérimentalement les propriétés des émulsions.

1 Propriété optique des émulsions

PROTOCOLE

▸ Dans un tube à essais, préparer une émulsion en mélangeant 4 mL d'eau et 1 mL d'une solution de phénolphtaléine à 1 % dans l'éthanol. Agiter et observer.
▸ Mesurer l'absorbance de cette émulsion à 450 nm, 550 nm et 650 nm avec, comme référence, un mélange eau/éthanol 4/1.

a Quelle différence y a-t-il entre la réponse que donnerait un spectrophotomètre pour une solution colorée et celle donnée pour cette émulsion ?

b Si les gouttelettes de la phase dispersée de l'émulsion sont des sphères de 1 µm de diamètre, espacées de 9 µm de la gouttelette voisine, estimer le nombre de gouttelettes que la lumière doit traverser pour passer au travers d'un tube à essais de 1 cm de diamètre contenant l'émulsion.

c En considérant que chaque gouttelette de l'émulsion disperse 5 % de la lumière qu'elle reçoit, estimer le pourcentage de la lumière incidente qui ressort du tube à essais. En déduire une interprétation à la mesure spectrophotométrique effectuée avec l'émulsion.

2 Stabilité des émulsions

PROTOCOLE

▶ Dans un premier tube à essais, introduire 3 mL d'eau et 3 mL d'huile.

▶ Faire de même dans un second tube à essais, mais en ajoutant aussi 1 mL de savon liquide.

▶ Boucher les deux tubes et les agiter fortement. Laisser reposer cinq minutes et observer.

d Certaines émulsions sont stables et d'autres instables. Préciser ce que cela signifie à l'aide des observations de l'expérience.

e Le lait est une émulsion constituée d'une phase grasse dispersée dans l'eau et maintenue dans cet état grâce à des protéines. En déduire sa stabilité.

f Justifier que les crèmes utilisées en cosmétiques sont des émulsions.

2 Tensioactif et surface d'une solution

OBJECTIF **Comprendre** le lien entre structure et propriétés des tensioactifs.

1 Structure d'un tensioactif

a La formule du tensioactif **(Fig. 2)** peut être schématisée comme sur la **figure 3**. Identifier la queue apolaire et la tête polaire avec la formule de la **figure 2**.

b Représenter les liaisons hydrogène entre la tête polaire et l'eau.

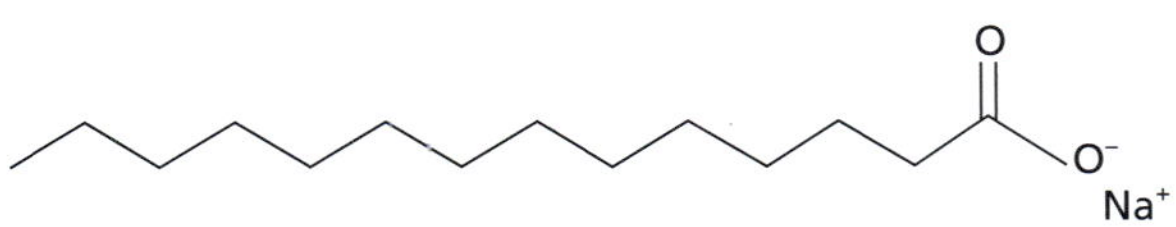

Fig. 2 Tensioactif $CH_3-(CH_2)_{12}-COO^- Na^+$.

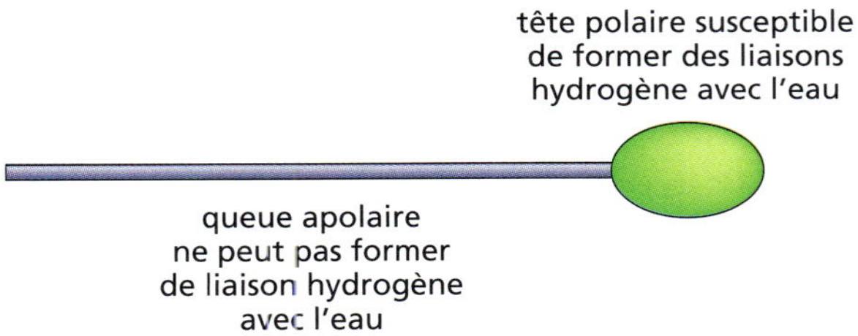

Fig. 3 Tensioactif schématisé.

2 Propriétés d'un tensioactif

Les tensioactifs, comme les savons, se répartissent à la surface de l'eau comme le montrent les deux expériences qui suivent.

PROTOCOLE

Expérience 1

▶ Remplir d'eau du robinet le fond d'un grand cristallisoir et attendre qu'il n'y ait plus de mouvement.

▶ Mettre un peu de poussière de craie ou quelques grains de poivre à la surface de l'eau.

▶ Enduire de savon la pointe d'une spatule et en effleurer l'eau pendant une demi-seconde, pas plus. Observer les mouvements à la surface de l'eau.

▶ Recommencer en touchant l'eau à un autre endroit.

▶ À titre de comparaison broyer finement un peu d'un colorant soluble dans l'eau. En déposer un (ou plusieurs) cristaux à la surface de l'eau en s'arrangeant pour qu'ils flottent. Observer.

Expérience 2

▶ Déposer une ou deux gouttes d'eau sur une lame de verre. Observer la forme de la goutte ainsi constituée.

▸ Toucher délicatement la surface de la goutte avec une spatule dont la pointe a été enduite de savon **(Fig. 4)** et observer le comportement de la goutte.

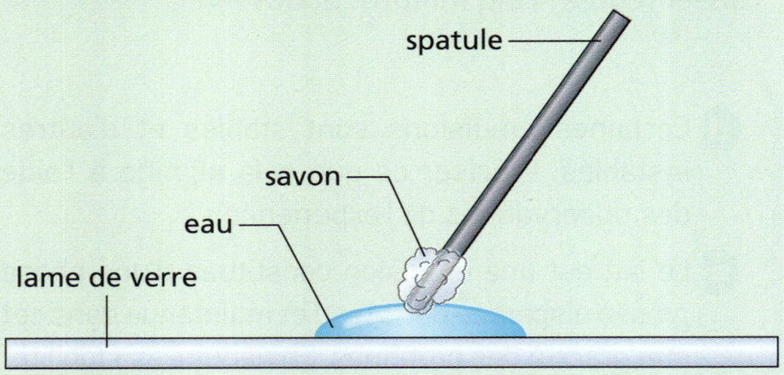

Fig. 4 Dépôt de savon sur une goutte d'eau.

c Comparer le lieu où se disperse le tensioactif à celui où se disperse le colorant.

d Proposer une représentation schématique qui justifie le mouvement des poussières quand le tensioactif se répartit à la surface de l'eau à l'aide de la partie 1.

e Des forces, appelées forces de surface, donnent à la goutte d'eau posée sur la lame de l'expérience la forme observée. Plus ces forces sont grandes, plus la surface du liquide est petite. Déduire de l'observation de l'expérience si la présence du savon augmente ou diminue les forces agissant sur la surface de l'eau.

f Justifier avec la représentation de la question d le fait que le savon modifie les forces de surface de la goutte d'eau de la question e.

3 Création d'une mousse

OBJECTIF

Comprendre le principe de formation d'une mousse.

PROTOCOLE

▸ Remplir un quart d'un tube à essais d'une solution saturée d'hydrogénocarbonate de sodium.

▸ Introduire ensuite une pointe de spatule d'albumine d'œuf (soit 15 mg environ), boucher et agiter jusqu'à disperser l'albumine.

▸ Ajouter en une fois rapidement et avec précaution 1 mL à 2 mL d'une solution d'acide éthanoïque de concentration 1 mol.L^{-1}. Observer la formation et la stabilité de la mousse.

a Écrire la réaction chimique entre les ions hydrogénocarbonate et l'acide éthanoïque et en déduire qu'il se forme un gaz que vous nommerez.

b Expliquer ce que serait devenu ce gaz en l'absence d'albumine.

c Préciser si cette mousse est ouverte ou fermée.

d Utiliser l'expérience pour expliquer le fait qu'une mousse de matériau isolant puisse être préparée en réalisant une réaction de polymérisation exothermique en présence d'un solvant volatile comme l'éther diéthylique.

Fig. 5 Mousse de matériau isolant.

Chapitre

9 Nouveaux matériaux

Échantillon de tissu photonique : tissage de fils de coton et de fibres optiques.

Mots clés

- Nanotubes, nanoparticules, matériaux nanostructurés
- Matériaux composites
- Verres, céramiques
- Matériaux biocompatibles
- Textiles innovants

Mots clés

NANOTUBES, NANOPARTICULES, MATÉRIAUX NANOSTRUCTURÉS

▶ **Qu'est-ce qu'un ferrofluide ?**

Une machine de quelques mètres de long peut être miniaturisée dix fois, cent fois, mais pas indéfiniment. Lorsque les dimensions des objets sont proches du nanomètre, ceux-ci deviennent quantiques et leur caractère ondulatoire ne peut alors plus être négligé. Ce point différencie la microtechnologie, qui utilise des objets miniatures, et la **nanotechnologie**.

Fig. 1 Pièces en or et solution de nanoparticules d'or en suspension.

DÉFINITIONS

La **nanotechnologie** met en œuvre des objets ayant des propriétés quantiques et dont les dimensions sont comprises entre 1 nm et 100 nm. Cela se traduit par des matériaux dont la résistance électrique est plus petite, le point de fusion plus bas, dont la couleur inattendue dépend de la taille des nanoparticules **(Fig. 1)** etc.

Voir Exercices 8 p. 146

Activité expérimentale

1 Synthèse de nanoparticules de magnétite

OBJECTIF **Synthétiser** un matériau nanostructuré : un ferrofluide.

Un ferrofluide constitué de nanoparticules de magnétite est un fluide qui réagit à la présence d'un aimant **(Fig. 2)**.

Fig. 2 Ferrofluide.

PROTOCOLE

Préparation d'une solution d'ammoniac

▶ Prélever à la pipette jaugée 5,00 mL de solution d'ammoniac approximativement à 2 mol.L^{-1}. Diluer avec 20 mL d'eau et ajouter quelques goutes d'hélianthine.

▶ Titrer avec de l'acide chlorhydrique à 1,00 mol.L^{-1}.

▶ En déduire la concentration en ammoniac de la solution et proposer un protocole de dilution pour préparer 50 mL de solution d'ammoniac de concentration 0,70 mol.L^{-1}.

▶ Faire valider le protocole par le professeur et effectuer cette dilution.

Préparation du ferrofluide

▶ Dans un bécher de 100 mL, introduire avec une pipette graduée 1,0 mL de solution de chlorure de fer(II) à 2,0 mol.L^{-1} et 4,0 mL de chlorure de fer(III) de concentration 1,0 mol.L^{-1}. **Attention**, ces solutions contiennent de l'acide chlorhydrique à 2 mol.L^{-1}. Introduire un barreau magnétique et agiter en permanence.

▶ À l'aide d'une burette, ajouter, au rythme de deux gouttes par seconde, 50 mL de la solution d'ammoniac à 0,70 mol.L^{-1}. Retirer le barreau magnétique.

▶ Laisser décanter la magnétite noire en maintenant sous le bécher un aimant générant un champ magnétique élevé. Éliminer la solution surnageante.

▶ Ajouter 20 mL d'eau distillée, agiter avec une baguette de verre et éliminer à nouveau le surnageant en s'aidant de l'aimant. Répéter ce lavage.

▶ Ajouter 2,0 mL de solution d'hydroxyde de tétraméthylammonium à 25 % et agiter avec la baguette de verre pour suspendre la magnétite dans ce nouveau milieu (en l'absence de cette solution, ajouter à la magnétite un égal volume de savon liquide et triturer).
▶ Tester le ferrofluide avec un aimant puissant (immobile ou en mouvement).

a Proposer une équation chimique qui montre que de la magnétite Fe_3O_4 se forme dans ces conditions et que les proportions en ions fer sont stœchiométriques.

b L'exemple de la suspension des nanoparticules d'or dans l'eau **(Fig. 1)** illustre le fait que plus les particules sont petites, moins la gravitation leur permet de décanter. Que pensez-vous de la taille des particules de magnétite par rapport à celles d'or ?

c Quelle solution a été proposée pour obtenir tout de même un ferrofluide homogène ?

Activité documentaire

2 Graphène et nanotube de carbone

OBJECTIF

Étudier la structure des nanotubes.

L'organisation des atomes de carbone permet de construire des structures aussi différentes que le graphite (noir, fragile, bon marché) et le diamant (transparent, dur et coûteux). D'autres variétés de carbone existent à l'échelle nanométrique : les nanotubes et le graphène.

Le graphène est une monocouche d'atomes de carbone en « nid d'abeilles » **(Fig. 3)** d'une minceur extrême puisque cette feuille n'a l'épaisseur que d'un atome. Le repliement de cette feuille conduit à un nanotube de carbone.

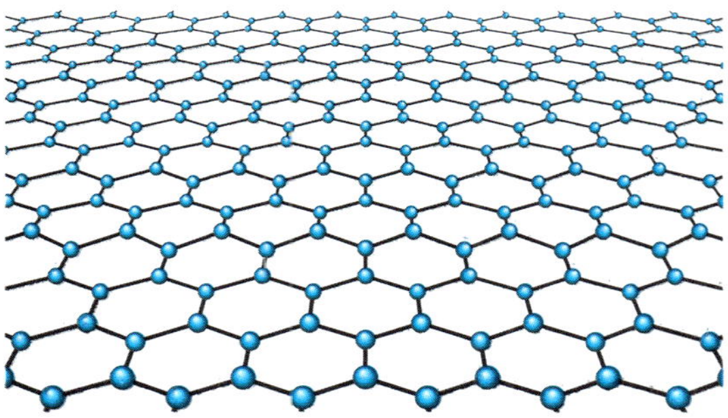

Fig. 3 Graphène.

▶ Prendre trois transparents sur lesquels ont été photocopiés un graphène représenté par des hexagones de côté 1 cm. Enrouler chacun d'entre d'eux d'une façon différente pour constituer les nanotubes de la figures 4. Repérer le type d'organisation des hexagones par rapport à l'axe du tube.

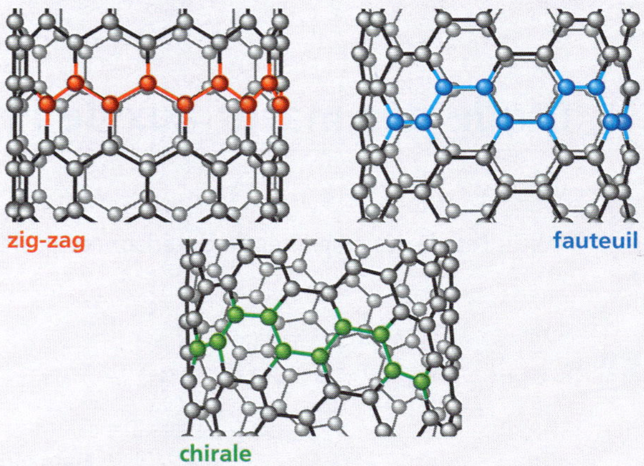

Fig. 4 Organisation des hexagones de nanotubes de carbone.

a Définir ce qu'est une molécule chirale et en proposer un exemple. Expliquer pourquoi une vis est un objet chiral.

b Comparer la différence de comportement entre une vis et son énantiomère.

c Déterminer le point commun entre la structure de la vis et l'orientation chirale d'un nanotube.

Mot clé MATÉRIAUX COMPOSITES

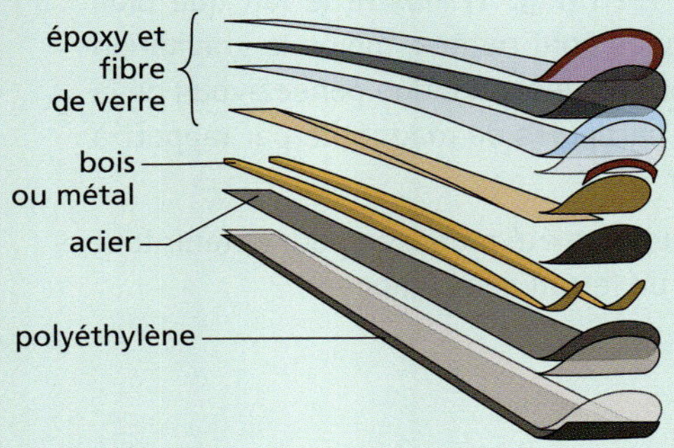

▶ **Comment réaliser un objet à la fois souple, solide et esthétique ?**

Les objets qui nous entourent sont fabriqués à partir de matériaux naturels ou synthétiques choisis pour leurs propriétés physiques et chimiques. Les matériaux de base sont souvent associés pour constituer des matériaux dits **composites**. Cette association nécessite que les matériaux associés soient compatibles chimiquement, thermiquement, etc.

Fig. 1 Assemblage de matériaux entrant dans la constitution d'un composite utilisé pour fabriquer un ski.

DÉFINITIONS

Le **composite** présente généralement chacune des propriétés des matériaux qui le constituent. Par exemple, le ski de la **figure 1** est constitué (de bas en haut) d'une semelle en polyéthylène qui favorise la glisse, de carres en acier qui résistent à l'abrasion dans les dérapages, d'un noyau en bois ou en métal qui assure la solidité et la rigidité, et d'une couche en époxy et en fibre de verre qui protège l'ensemble et assure la décoration.

Voir Exercices 2 p. 141

Activité documentaire

1 Étude des matériaux de l'habitat

OBJECTIF **Réaliser** l'étude des propriétés de matériaux composites.

1 Matériaux de construction

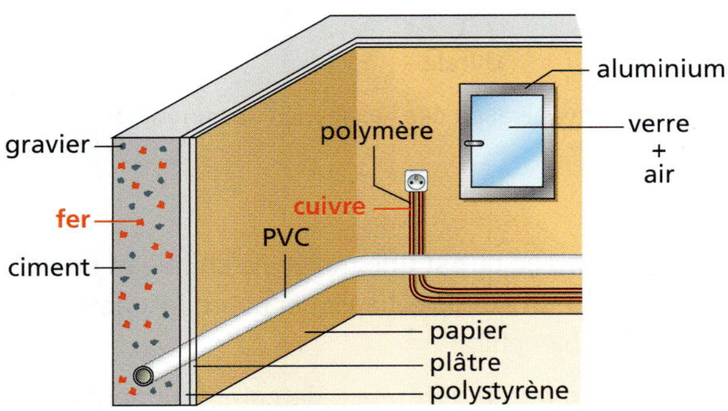

Fig. 2 Matériaux de l'habitat.

a Donner les deux principaux éléments chimiques présents dans les matériaux organiques.

b Donner un nom de matériau organique possédant également l'élément chimique chlore dans sa composition.

c Nommer les trois éléments chimiques les plus fréquemment utilisés dans les matériaux métalliques présents dans l'habitat moderne.

d Préciser la fonction de chacun des matériaux assemblés pour la construction du mur de la **figure 2**.

e Préciser, en justifiant, si un mur est un matériau composite.

2 Matériaux de menuiserie

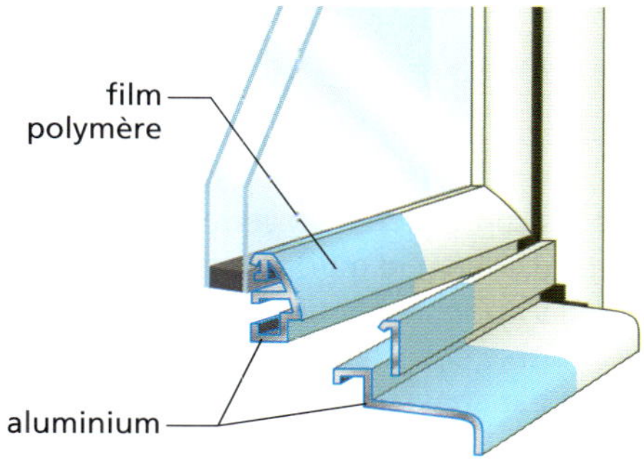

Fig. 3 Profilé en aluminium plastifié.

La menuiserie, traditionnellement en bois, existe maintenant aussi en polymères organiques, en fer ou en aluminium. Le rôle d'une menuiserie peut être structurant, en permettant la fixation des portes et des fenêtres, ou décoratif.

f Citer un inconvénient des objets en fer sur le long terme, surtout quand ils sont exposés à l'extérieur.

g Comparer la rigidité du fer par rapport à celle du plastique.

h Expliquer l'intérêt d'un composite fer-plastifié.

Activité expérimentale

2 Le miroir

OBJECTIF **Réaliser** et étudier les propriétés d'un matériau composite.

La lumière se réfléchit partiellement dans une vitre ordinaire et beaucoup plus dans un miroir. Cette différence tient au caractère composite du miroir constitué de verre sur lequel un dépôt métallique a été appliqué. Le pourcentage de lumière réfléchie dépend de la longueur d'onde **(Fig. 4)**.

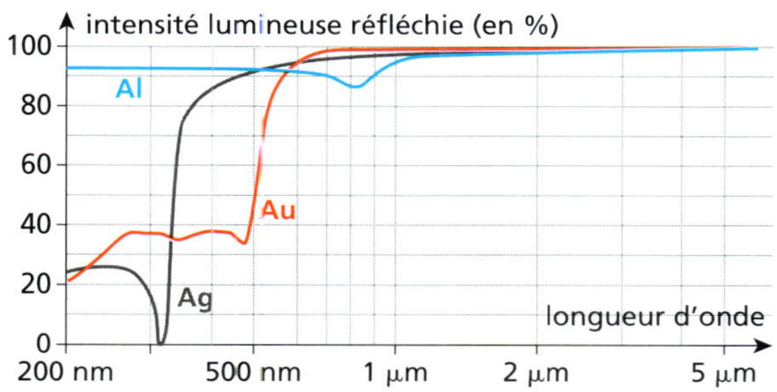

Fig. 4 Pourcentage d'intensité lumineuse réfléchie en fonction de la longueur d'onde pour trois métaux.

a Repérer sur la **figure 4** la partie UV, la partie visible et la partie IR des spectres.

b Déduire de la **figure 4**, le métal le plus efficace.

c Préciser le métal qui est le moins cher.

d Déduire de la **figure 4** la couleur de l'or.

Bien que le dépôt métallique couramment utilisé pour fabriquer un miroir soit de nos jours de l'aluminium, le vieux nom d'*argenture* est resté. La raison est que le dépôt d'argent était facilement créé par voie chimique en faisant réagir à chaud du glucose avec des ions Ag^+.

PROTOCOLE

- Introduire quelques millilitres d'une solution de nitrate d'argent à 1 % en masse dans un tube à essais.
- Ajouter, goutte à goutte, une solution aqueuse d'ammoniac à 5 $mol.L^{-1}$. Il se forme un précipité qui se redissout si un excès d'ammoniac est ajouté. S'arranger pour avoir un minimum d'excès.
- Ajouter une ou deux spatules de glucose et le dissoudre.
- Chauffer à la flamme ou au bain-marie bouillant jusqu'à apparition d'un miroir d'argent.
- Éliminer le liquide quand l'argent est bien formé ; récupérer le tube avec une solution diluée (1 $mol.L^{-1}$) d'acide nitrique.

e Justifier que cette réaction est une réaction d'oxydoréduction.

f Proposer une équation de la réaction, sachant que le couple impliquant le glucose est $C_6H_{12}O_7/C_6H_{12}O_6$.

g Justifier que le miroir obtenu peut être considéré comme un matériau composite.

Mots clés VERRES, CÉRAMIQUES

▶ **Quelle est la structure microscopique d'un verre ?**

L'endroit le plus représentatif pour voir les objets en verre prendre forme est Murano, un îlot de la lagune de Venise où se perpétue le plus vieux savoir-faire dans ce domaine **(Fig. 1)**. Après avoir chargé les constituants du verre dans un four à 1 400 °C, le souffleur façonne la pâte de verre. Bien que d'origine industrielle, les autres objets en verre (vitre, bouteille, etc.) s'obtiennent suivant le même principe. Ce n'est pas le cas des céramiques dont le chauffage ne fond pas le matériau, mais le fritte, c'est-à-dire le durcit par chauffage à une température inférieure à sa fusion.

Fig. 1 Verrier de Murano travaillant le verre.

Voir Exercices 3 p. 142

Activité documentaire

1 Constitution et organisation des verres et des céramiques

OBJECTIF **Étudier** les constituants des verres et des céramiques et comprendre leur organisation microscopique.

1 Constituants des verres et des céramiques

Les céramiques et les verres sont, par définition, des matériaux solides, non organiques et non métalliques. À part quelques céramiques spéciales, ces matériaux sont constitués de cations métalliques et d'anions oxyde O^{2-} **(Fig. 2)**. Leur composition est donnée en pourcentage d'oxyde (et non en pourcentage de chaque élément chimique).

	verre plat	verre à bouteille	Pyrex®	cristal	verre de lampe
SiO_2	72,5	73	80,6	55,5	73
B_2O_3			12,6		
Al_2O_3	1,5	1	2,2		1
Na_2O	13	15	4,2		16
K_2O	0,3			11	1
CaO	9,3	10	0,1		5
MgO	4		0,05		4
PbO				33	

Fig. 2 Pourcentage massique de quelques verres.

a Dans un kilogramme de verre plat, quelle est la masse de chacun des quatre éléments chimiques les plus abondants ?

b Donner quelques exemples d'objets fabriqués en Pyrex®, et d'autres fabriqués en cristal.

c Un verre X est fabriqué en faisant fondre 60 % de sable (SiO_2) avec 19,5 % de carbonate de sodium (Na_2CO_3), 12 % de dolomie ($CaMgCO_3$), 5 % de calcaire ($CaCO_3$) et 3,5 % d'autres composés.
Proposer une équation chimique qui montre qu'un carbonate métallique MCO_3 peut se transformer, dans le four du verrier, en un oxyde métallique et en un gaz.
En déduire la composition du verre X. De quel verre s'agit-il ?

2 Structure microscopique d'un verre

Quels que soient les solides ioniques, les ions qui les constituent interagissent principalement par des forces électriques dont la résultante est attractive. Ces interactions ne sont pas orientées comme des liaisons chimiques, mais sont non-directionnelles. Ces ions peuvent être organisés à longue distance, ou seulement à courte distance. Dans le premier cas, la structure est dite cristallisée et dans l'autre elle est dite vitreuse (caractéristique des verres).

d Justifier que la **figure 3.a** fait apparaître une organisation à longue distance (caractéristique d'un cristal).

e Justifier que la **figure 3.b** fait apparaître une organisation à courte distance mais pas à longue distance (caractéristique d'un verre).

f Décrire en quelques phrases la structure microscopique d'un liquide et sa relation avec celle d'un verre qui subirait une hausse de température.

a.

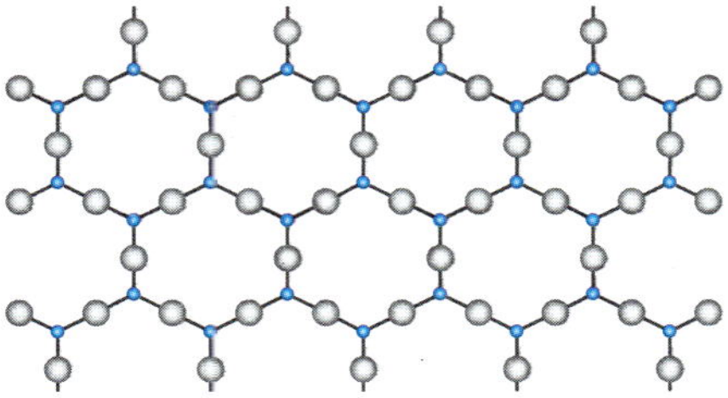

b.

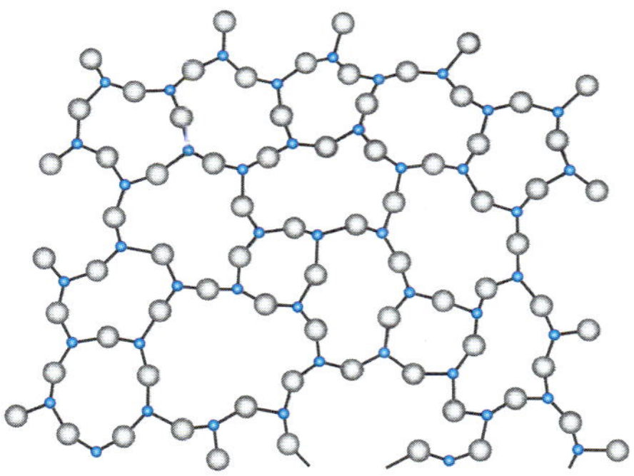

Fig. 3 Représentation à deux dimensions d'un solide de formule SiO_2 (a) cristallisé ; (b) vitreux.

Énergie interne

La valeur *f* de l'interaction entre deux ions du cristal de charge q_1 et q_2 contribue à l'énergie interne du cristal d'une quantité $u = \frac{-kq_1q_2}{d}$, où *d* est la distance entre les deux ions.

g Montrer que certaines contributions stabilisent le cristal et que d'autres le déstabilisent.

h La somme de toutes ces contributions est l'énergie interne molaire *U* du cristal. Rappeler ce qu'est l'énergie interne d'un système macroscopique ; pourquoi cette définition s'applique-t-elle ici ?

i Un cristal dont tous les ions ne sont pas dans leur position cristallographique possède une énergie interne moins basse qu'un cristal parfaitement ordonné. Sachant que lors du frittage, l'énergie interne de l'ensemble des grains qui ont été chauffés diminue, proposer une interprétation microscopique de ce qui se passe entre deux grains voisins.

Intérêt des céramiques

Fig. 4 Usinage d'une céramique.

Les céramiques sont les matériaux les plus réfractaires qui existent ; ils restent solides jusqu'à des températures bien supérieures à 1 400 °C, alors que les verres se ramollissent, que les métaux fondent et que les matières plastiques organiques ou le bois brûlent à des températures inférieures.

j Pourquoi les céramiques ne peuvent-elle être mises en forme par moulage comme les métaux ?

k Pourquoi les céramiques ne brûlent-elles pas ?

l Donner des exemples d'objets en céramique en précisant, à votre avis, la façon dont ils ont été fabriqués.

Mot clé

MATÉRIAUX BIOCOMPATIBLES

▶ Pourquoi un matériau ordinaire est-il bio-incompatible et comment sa biocompatibilité est-elle obtenue ?

Vaisseaux artificiels, valves cardiaques, implants dentaires, lentilles de contact, de nombreux objets sont constitués de matériaux qui doivent supporter le milieu biologique. Plusieurs millions de patients sont concernés en France par de tels matériaux.

DÉFINITIONS

La **biocompatibilité** est la capacité des matériaux à ne pas interférer et/ou à ne pas dégrader le milieu biologique dans lequel ils sont utilisés.

Activité documentaire

1 Bio-incompatibilité et biocompatibilité

OBJECTIF

Comprendre les conditions d'incompatibilité entre un matériau et un organisme vivant.

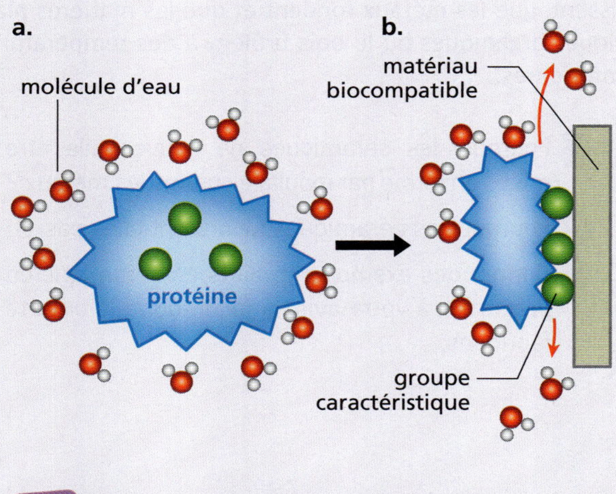

Fig. 1 Transformation d'une protéine à l'approche de la surface d'un matériau bio-incompatible.

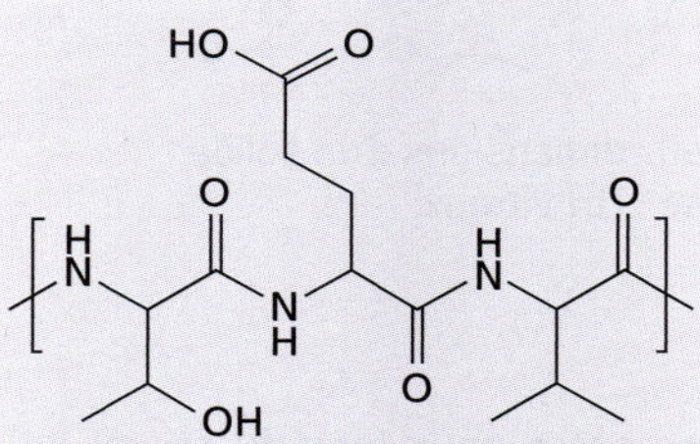

Fig. 2 Fragment d'une protéine.

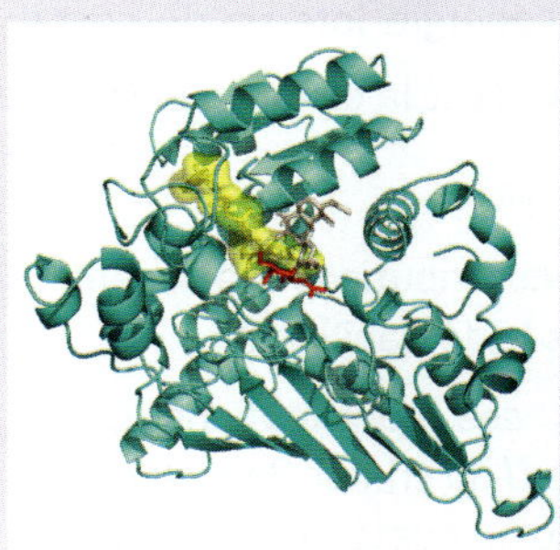

Fig. 3 Forme réelle d'une protéine. Les « fils » et le « ruban » représentent l'intégralité de la chaîne horizontale du fragment protéique de la **figure 2**.

1 Bio-incompatibilité

Un matériau exogène, c'est-à-dire introduit dans un organisme, subit des agressions.

La **figure 1** représente (a) une protéine dans le milieu biologique, (b) la même protéine à l'approche d'un matériau exogène, supposé être un polymère organique.

a Une protéine est constituée d'un enchaînement d'acides α-aminés. La **figure 2** représente le fragment d'une protéine dont seuls trois acides α-aminés sont montrés. Le reproduire avec une couleur différente pour chaque acide α-aminé. En déduire qu'une molécule est éliminée dans le passage entre l'acide α-aminé et sa présence au sein d'une protéine.

b Repérer et nommer les deux groupes caractéristiques des chaînes latérales du fragment protéique de la **figure 2**.

c Montrer que deux des trois chaînes latérales peuvent donner des liaisons hydrogène avec l'eau et que la troisième ne le peut pas.

d Justifier que la chaîne principale de la protéine peut présenter plusieurs configurations.

e En milieu biologique, la chaîne principale d'une protéine n'est pas droite comme sur la **figure 1**, mais repliée comme une pelote **(Fig. 3)** dans une conformation permettant aux groupes caractéristiques de présenter des liaisons hydrogène avec l'eau vers l'extérieur de la pelote, et ceux qui ne le peuvent pas vers l'intérieur. Pourquoi cette situation est-elle préférée à une situation inverse ?

f Proposer une explication à la déformation de la protéine à l'approche de la surface du matériau exogène **(Fig. 1)**.

g La protéine, déformée à l'approche d'une surface exogène, peut soit devenir réactive vis-à-vis de substrats biologiques, soit être détruite par son environnement. Quel état physiologique peut-il en résulter pour la personne à qui un tel matériau bio-incompatible a été introduit dans l'organisme ?

2 Biocompatibilité

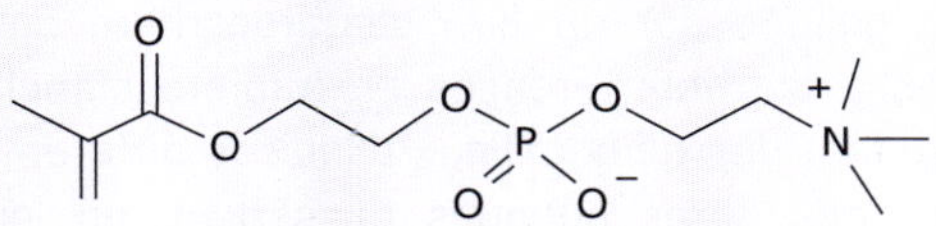

Fig. 4 Molécule possédant le fragment choline utilisée pour synthétiser un matériau biocompatible.

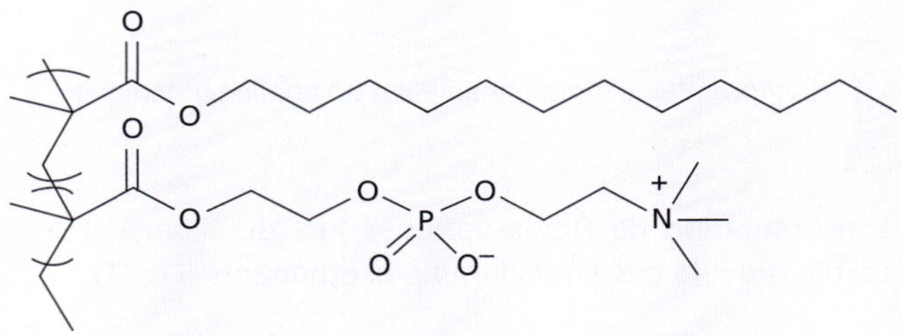

Fig. 5 Copolymère pour la surface d'un matériau biocompatible.

Pour créer un matériau composite dont la surface est biocompatible, il faut que les protéines qui s'approcheraient d'une telle surface rencontrent uniquement des molécules d'eau (et pas la surface exogène). L'introduction du fragment choline $HO-CH_2-CH_2-N^+(CH_3)_3$ a été utilisée pour cela avec succès pour de nombreux matériaux biocompatibles dont les lentilles de contact.

a Donner la formule développée d'un ion le plus simple possible présentant un azote avec quatre liaisons covalentes et une charge positive.

b Les cations sont généralement bien solvatés dans l'eau. Préciser ce que cela signifie en représentant l'ion de la question **a** entouré de quelques molécules d'eau judicieusement orientées puis faire de même avec la choline.

c Pour créer un composite présentant à sa surface le fragment choline, la molécule de la **figure 4** a été synthétisée. Montrer que cette molécule est constituée de fragments : acide méthacrylique $CH_2=C(CH_3)-COOH$; éthan-1,2-diol ; hydrogénophosphate $H_2PO_4^-$; et choline. Mettre en évidence le fait que chaque assemblage s'est constitué avec perte d'une molécule d'eau.

d Le polymère qui est greffé à la surface du composite est celui de la **figure 5**. C'est un copolymère constitué à partir de deux composés différents qui adoptent une conformation telle que la partie qui ressemble à un hydrocarbure se fixe sur le matériau organique à revêtir et l'autre se présente à l'extérieur, vers la solution aqueuse du milieu biologique. Proposer une explication au fait qu'un matériau ainsi revêtu est biocompatible.

Mot clé

TEXTILES INNOVANTS

▶ **Comment un textile peut-il devenir « intelligent » ?**

Les textiles innovants permettent de fabriquer des vêtements aux propriétés surprenantes. Par exemple, les textiles photoniques sont recherchés pour la signalisation ou à des fins artistiques et les textiles électroniques (ou e-textiles) contiennent des composants électroniques, des puces d'ordinateur, voire des fibres en polymères conducteurs ou semi-conducteurs.

Fig. 1 T-shirt en textile photonique.

Activité documentaire

1 Textile photonique

OBJECTIF **Comprendre** le fonctionnement d'un textile photonique.

L'incorporation de fibres optiques lors du tissage d'un textile procure des effets lumineux étonnants **(Fig. 1)**.

a En s'aidant de la **figure 2** et en vous appuyant sur la loi de Snell-Descartes pour la réfraction, donner les conditions expérimentales (indice de réfraction, angle d'entrée de la lumière) pour que la lumière soit guidée dans la fibre. Vous proposerez également un schéma de cette propagation guidée.

b Montrer que si, par endroit, la fibre est rugueuse et non lisse, la lumière peut en sortir comme sur la **figure 1**. Vous vous appuierez sur un schéma.

c Dans de tels schémas, la lumière est modélisée par un rayon lumineux. Citer deux autres modèles de la lumière.

d Lequel de ces trois modèles est-il le plus adapté pour interpréter le phénomène d'interférences ? Rappeler le principe de ce phénomène pour une onde monochromatique.

e Les irisations apparaissant à la surface d'une eau polluée par un film d'hydrocarbure sont dues à des interférences en lumière blanche résultant des deux milieux d'indices différents. Certaines fibres optiques possèdent, en leur sein, des inclusions reproduisant le même phénomène **(Fig. 3)**. Quelle est la différence entre la lumière provenant d'un textile ayant incorporé de telles fibres interférentielles et celle provenant d'un textile traditionnel tissé avec des fils de différentes couleurs ?

Fig. 2 Textile photonique éclairé en lumière blanche (par le haut) et production de couleurs interférentielles (tout le long de la fibre).

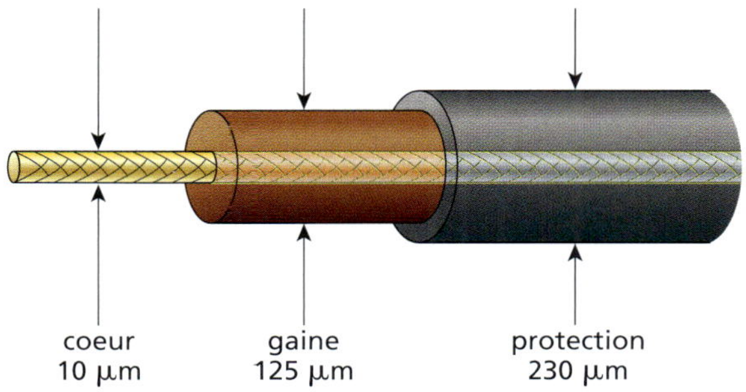

Fig. 3 Schéma d'une fibre optique.

2 E-textiles

OBJECTIF **Comprendre** le fonctionnement des textiles électroniques dits e-textiles.

Les e-textiles sont bardés d'électronique pour parvenir à produire des effets surprenants. L'un d'eux est de disposer d'un textile capable d'établir une image en réponse à une pression **(Fig. 4)**.

À cet effet, l'épaisseur du tissu a été quadrillée de condensateurs-plans constitués de deux armatures et d'un diélectrique déformable **(Fig. 5)**. La pression change l'épaisseur du diélectrique, ce qui modifie la capacité du réseau de condensateurs et permet la détection.

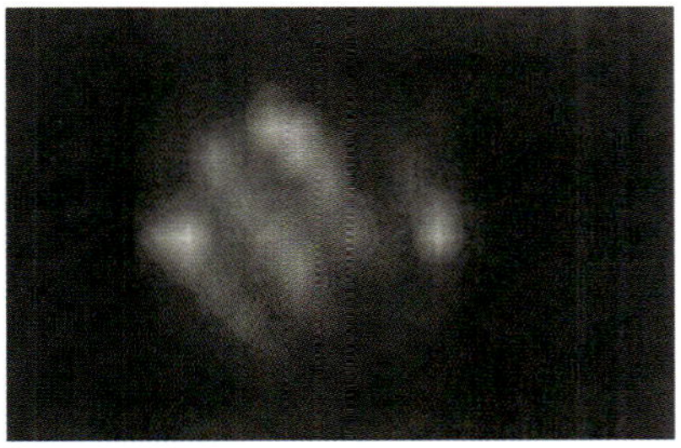

Fig. 4 Image d'un coup de poing sur un e-textile.

a La capacité C d'un condensateur plan d'aire S et d'épaisseur e est donnée par la relation $C = \varepsilon S/e$ où ε est une constante. Si la pression amincit le diélectrique de 1,0 %, avec quelle précision la capacité doit-elle être mesurée pour que la différence de capacité soit significative ?

b Cette information est-elle analogique ou numérique ?

c Le tissu est supposé quadrillé de condensateurs rangés dans 24 lignes et 16 colonnes. Une puce électronique connaît la position de chaque condensateur et reçoit en permanence l'information sur la valeur de leur capacité. Montrer que cette information correspond à une image comme celle de la **figure 4**.

d De combien de pixels cette image dispose-t-elle ?

e La discrimination spatiale sensitive de la peau dépend de la région du corps **(Fig. 6)**. Sachant que les condensateurs du e-textile sont espacés de 10 mm, à quelle sensibilité la résolution de l'image de la **figure 4**, obtenue par le e-textile de la question **c** correspond-elle ?

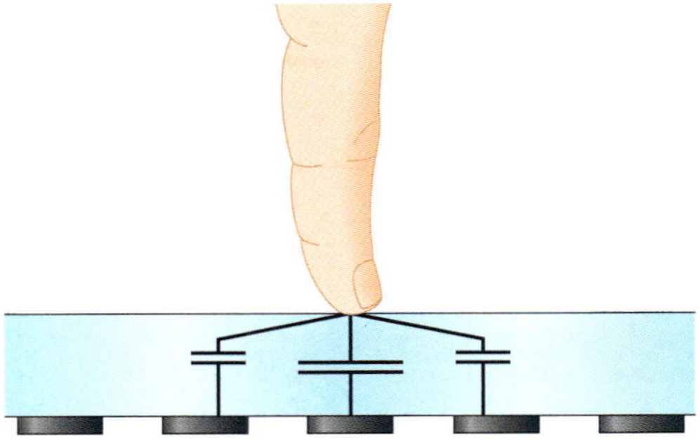

Fig. 5 E-textile vu en coupe.

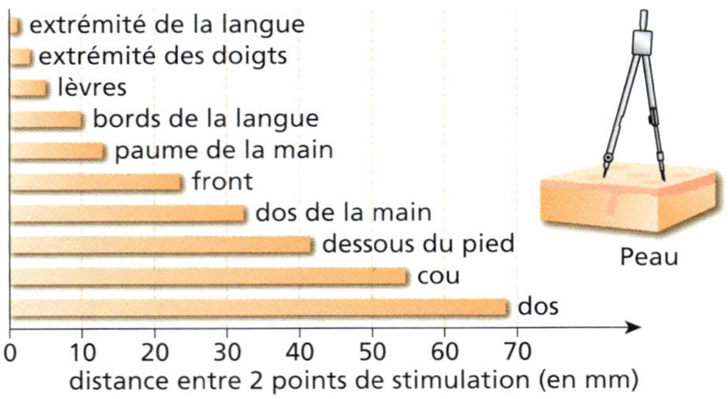

Fig. 6 Distance (en millimètres) sur la peau permettant de sentir les deux contacts distincts d'un compas en fonction des différentes zones du corps.

Le mode d'emploi de cette épreuve est donné dans la ▶ Fiche méthode p. 153

1 Une photodiode pour produire de l'électricité

Contexte du sujet Les matériaux photovoltaïques tels que les photodiodes sont couramment utilisés pour produire de l'électricité à partir de l'éclairement du Soleil.
L'objectif de cette épreuve est d'étudier une photodiode fonctionnant en générateur.

Documents

DOC 1 *Caractéristique courant-tension d'une photodiode*

La **figure 1** montre la caractéristique courant-tension simplifiée d'une photodiode. La tension de seuil de la photodiode, notée U_s, ne dépend quasiment pas de l'éclairement. L'intensité I_φ du photocourant, elle, est proportionnelle à l'éclairement. Dans l'obscurité, I_φ est nulle.

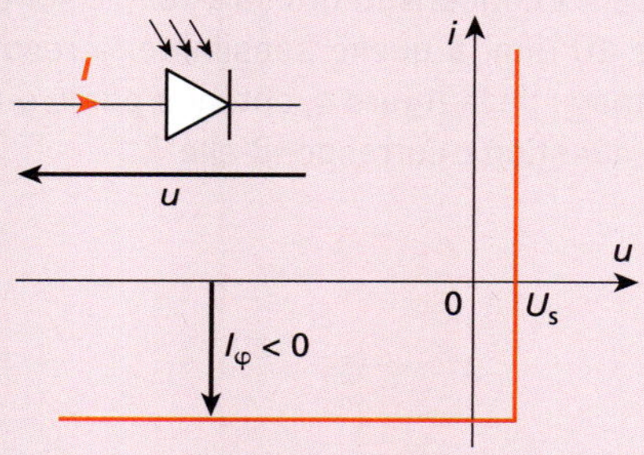

Fig. 1 Caractéristique courant-tension d'une photodiode.

DOC 2 Matériel

- Une photodiode.
- Un générateur de tension continue réglable.
- Une boîte de résistances réglables.
- Une source de lumière blanche d'éclairement réglable.
- Un luxmètre.
- Des cordons électriques.
- Des filtres de couleur.
- Deux multimètres.
- Des cordons de connexion.
- Un mètre-ruban.

Travail à réaliser

ANALYSER **a** Rédiger un protocole expérimental permettant d'étudier le fonctionnement de la photodiode en tant que générateur. Pour cela, la photodiode sera montée aux bornes d'une résistance. L'influence de différents paramètres sur l'intensité du photocourant I_φ sera étudiée (couleur de la lumière, inclinaison du faisceau incident...) et l'affirmation disant que « l'intensité du photocourant est proportionnelle à l'éclairement » sera vérifiée. **20 min** Repère 1

▶ **Appeler le professeur**

RÉALISER **b** Mettre en œuvre le protocole ainsi rédigé. **30 min** Repère 2

▶ **Appeler le professeur**

COMMUNIQUER **c** Rédiger les conclusions des expériences réalisées et formuler des critiques permettant d'améliorer leurs résultats. **10 min**

Repères pour l'évaluation

1. Deux types d'études sont attendus : une étude qualitative des différents paramètres, d'une part, et, si possible, un essai de vérification quantitative d'une relation. Les deux questionnements doivent apparaître clairement.
2. Les résultats doivent être notés au fur et à mesure en consignant tous les paramètres de chaque expérience. Plus que la qualité des résultats, c'est celle de la démarche qui est évaluée.

ÉPREUVE BAC EXPÉRIMENTALE

Le mode d'emploi de cette épreuve est donné dans la ▶ Fiche méthode p. 153

2 Synthèse d'un tensioactif

Contexte du sujet Les savons sont des produits d'intérêt quotidien préparés depuis des siècles en chauffant de l'huile d'olive en milieu basique. Une telle synthèse est envisagée ici.

Documents

DOC 1 ***Une synthèse de savon***

Dans un ballon de 100 mL, 10 g d'huile d'olive, 20 mL d'éthanol et une solution constituée de 10 g d'hydroxyde de sodium et de 30 mL d'eau ont été ajoutés. L'ensemble a été chauffé jusqu'à l'ébullition pendant au moins 45 min dans le montage de la **figure 1**.
Équation de la réaction :

$$(RCOO)_3(C_3H_5O_3) + 3HO^- \rightarrow 3RCOO^- + C_3H_8O_3$$

où $R = C_{17}H_{33}$ est une chaîne non ramifiée avec une double liaison en ω9, c'est-à-dire à 9 liaisons C–C du CH_3

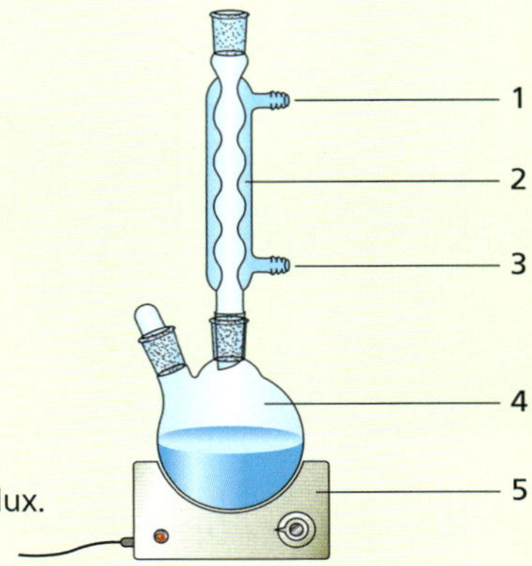

Fig. 1 Chauffage à reflux.

DOC 2 ***Les tensioactifs***

Les tensioactifs sont des substances qui modifient les forces intervenant entre les molécules de solvant à leur surface, ou entre les molécules de solvant et la paroi du récipient qui les contient. Cela s'explique par la structure des molécules de tensioactif constituées d'une partie hydrophile (qui établit avec l'eau des interactions qui diminuent l'énergie interne du système eau-savon) et d'une partie hydrophobe (qui n'établit pas de telles interactions avec l'eau).

Travail à réaliser

RÉALISER **a** Mettre en œuvre le protocole décrit dans le **document 1** de la manière suivante :
Sans se brûler, verser le mélange encore chaud dans 150 mL d'une solution saturée de chlorure de sodium. Agiter fortement et refroidir à 0 °C. Filtrer le mélange sur filtre Büchner et laver le solide avec 3 portions de 20 mL d'eau glacée. ▶ Appeler le professeur Récupérer le solide dans une coupelle pour le peser. **20 min** Repère 1

ANALYSER **b** Imaginer une expérience simple montrant que la présence d'un tensioactif dans de l'eau distillée change la forme de la surface de l'eau au contact avec du verre. ▶ Appeler le professeur Réaliser le protocole. **15 min**

VALIDER **c** Reproduire et légender le schéma de la **figure 1.** Écrire la formule topologique de l'oléate de sodium en sachant que la stéréochimie de la double liaison est Z. Possède-t-il un énantiomère ? Représenter cette molécule à la surface de l'eau dans l'expérience dont vous avez élaboré le protocole. Nommer les forces entre le tensioactif et l'eau, et justifier pourquoi le document évoque l'énergie interne. Calculer le rendement de la synthèse à partir des données disponibles. Que pouvez-vous déduire de la valeur obtenue ? **15 min** Repère 2

Repères pour l'évaluation

1. La partie expérimentale doit être réalisée avec précaution et proprement.
2. Les différents points de l'interprétation doivent être justifiés.

Résolution de problème

1 Installer un panneau photovoltaïque

Mots clés Photovoltaïques

Vous souhaitez installer des panneaux solaires sur le toit de votre maison située à Bourges, dans le Centre de la France.

DOC 1 *Les différentes cellules photovoltaïques et leur rendement*

Le **rendement photovoltaïque** d'une installation de panneaux solaires dépend de plusieurs facteurs :
- la **puissance des cellules** en kilowatt-crête (kWc),
- la **surface** exploitée,
- l'**orientation** du toit ainsi que son **inclinaison**,
- la situation géographique.

Les cellules photovoltaïques les plus répandues sont constituées de semi-conducteurs, principalement à base de silicium (Si). Elles se présentent généralement sous la forme de fines plaques d'une dizaine de centimètres de côté. Les cellules sont souvent réunies dans des modules solaires photovoltaïques ou panneaux solaires.

Le silicium utilisé dans la fabrication des cellules existe essentiellement sous trois formes :
- Le **silicium mono-cristallin** est utilisé dans les cellules au rendement le plus élevé : **15 %** ; il est aussi le plus coûteux.
- Le **silicium poly-cristallin** est le plus utilisé sur le marché photovoltaïque ; les cellules correspondantes ont un rendement de **12 %**.
- Enfin le rendement des cellules utilisant du **silicium amorphe** s'élève à **7 %** ; c'est le moins cher.

DOC 2 *Une nouvelle unité, le watt-crête*

Le **watt-crête (Wc)** est une unité de mesure représentant la puissance maximale d'un dispositif.
Par exemple, dans une installation photovoltaïque, c'est la puissance électrique maximale pouvant être fournie dans des conditions standard définies ci-dessous :
- un ensoleillement de 1 000 $W.m^{-2}$;
- une température des panneaux de 25 °C ;
- une répartition spectrale du rayonnement dit AM 1.5, correspondant au rayonnement solaire parvenant au sol après avoir traversé l'atmosphère à un angle de 45°.

Si la température est supérieure à 25 °C, il faut compter une perte de rendement de 0,4 % par degré Celsius supplémentaire.
Cette unité a trois utilisations principales :
- La comparaison du rendement des matériaux photovoltaïques, dans les mêmes conditions : pour une surface donnée, un panneau est d'autant plus efficace que sa puissance en Wc est élevée.
- La qualification de la taille d'une installation, indépendamment de ses conditions d'ensoleillement : une installation de 1 kWc est réalisée par 8 m^2 de modules solaires avec une technologie courante (silicium poly-cristallin).
- La comparaison des gisements solaires **(Fig. 1)**.

Carte de production par kWc installé

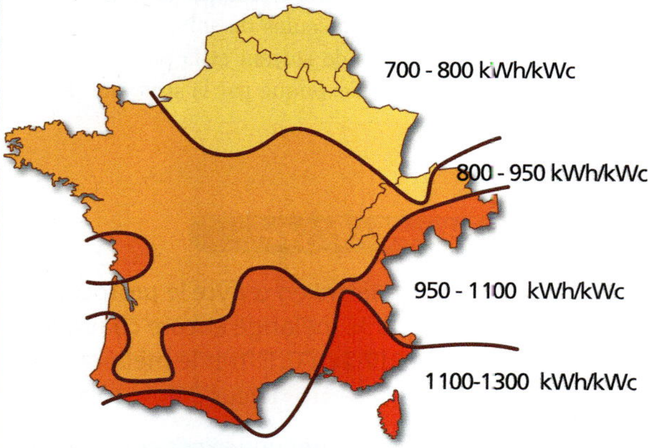

Fig. 1 Carte de production de la France, pour un an.

DOC 3 *L'orientation de la toiture et son inclinaison*

Il convient ici de **pondérer la production optimale** par les **facteurs d'orientation** du toit, et de son **inclinaison** en degré **(Fig. 2)**.

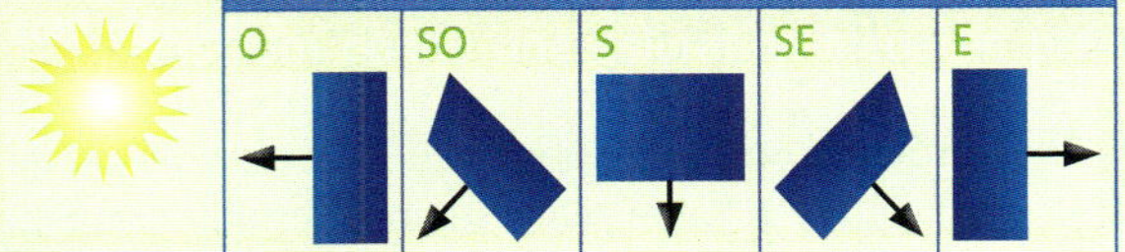

		ORIENTATION				
		O	SO	S	SE	E
INCLINAISON	0°	93%	93%	93%	93%	93%
	30°	90%	96%	100%	96%	90%
	45°	84%	92%	96%	92%	84%
	60°	78%	88%	91%	88%	78%
	90°	55%	66%	68%	66%	55%

Fig. 2 Pondération du rendement en fonction de l'inclinaison et de l'orientation.

Question

À l'aide des documents fournis, établir la surface de panneaux nécessaire à votre foyer constitué de quatre personnes, l'inclinaison à donner aux panneaux et l'orientation à choisir pour la maison. Vous préciserez la technologie choisie en justifiant vos choix.

Commenter les résultats obtenus.

Donnée : la consommation annuelle par personne en électricité est estimée à 7490 kWh (donnée 2011).

2 Nature chimique d'un miroir

Mots clés Matériaux composites

Les miroirs, objets familiers rencontrés dans les salles de bain ou dans les magasins de vêtements, sont en fait des matériaux composites. Ils sont constitués de trois couches, l'une de verre, recouverte d'un dépôt d'aluminium qui assure la réflexion de 80 % de la lumière, elle-même recouverte d'un tain. Celui-ci peut être de différente composition, par exemple en cuivre. Le tain protège la couche d'aluminium et empêche de voir à travers le miroir. Les séries policières montrent régulièrement l'usage qui est fait des miroirs sans tain permettant de voir ce qui se passe de l'autre côté d'un miroir, par exemple dans une salle d'interrogatoire.

DOC 1 *Réaction des éléments chimiques cuivre et aluminium suivant le milieu*

	cuivre	aluminium
$H^+ + Cl^-$	pas d'attaque du métal	métal transformé en Al^{3+}
$H^+ + NO_3^-$	métal transformé en Cu^{2+}	métal transformé en Al^{3+}
$Na^+ + HO^-$	pas d'attaque du métal	métal transformé en Al^{3+}
milieu acide	ion Cu^{2+} soluble	ion Al^{3+} soluble
milieu neutre	$Cu(OH)_2$ précipité	$Al(OH)_3$ précipité
milieu basique (HO^-)	$Cu(OH)_2$ précipité	AlO_2^- soluble
milieu ammoniacal (NH_3)	$Cu(NH_3)_4^{2+}$ soluble	$Al(OH)_3$ précipité partiel

DOC 2 *Conductivité d'une solution d'ions Al^{3+}*

Évolution de la conductivité d'une solution contenant initialement des ions Al^{3+} en milieu acide lors d'un dosage conductimétrique en fonction du volume de solution d'hydroxyde de sodium $Na^+ + HO^-$ ajouté.

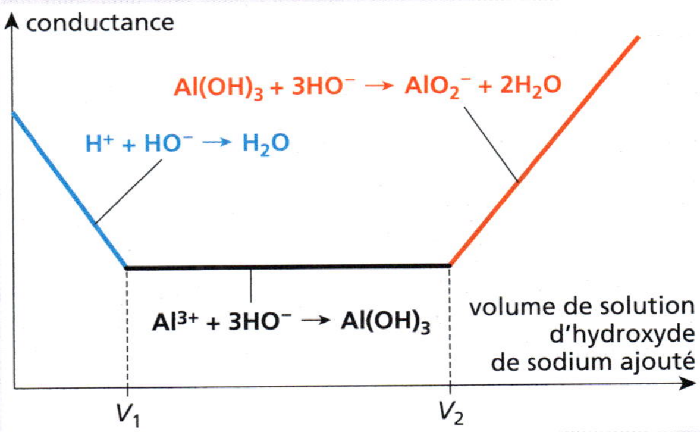

DOC 3 *Absorbance d'un composé du cuivre*

Spectre d'une solution de $Cu(NH_3)_4^{2+}$ de concentration $c = 1{,}00.10^{-3}$ mol.L^{-1}, obtenue en faisant réagir une solution contenant des ions Cu^{2+} avec une solution d'ammoniac.

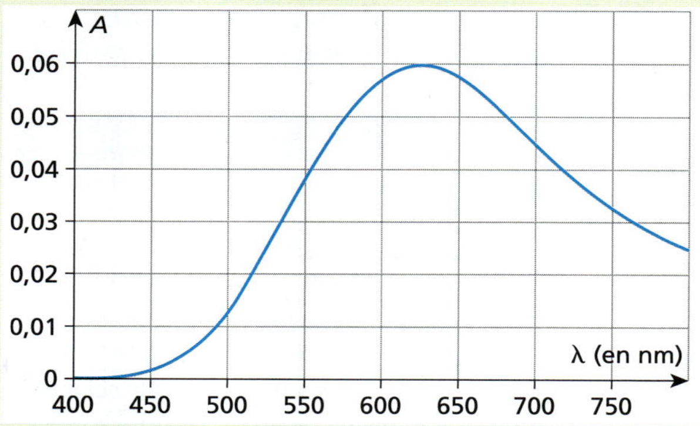

Questions

a. Déterminer la quantité d'aluminium et de cuivre par mètre carré de miroir.

b. À l'aide des documents, vous proposerez un protocole d'analyse chimique qui permette de déterminer ces quantités. Vous disposez d'un miroir dont l'aire est donnée, des principaux acides et bases fortes usuels d'un laboratoire **(Doc. 1)**, d'un conductimètre, d'un spectrophotomètre et de toute la verrerie habituelle (burette, pipette, bécher, etc.).

3 Fabrication d'un verre

Mots clés Verres

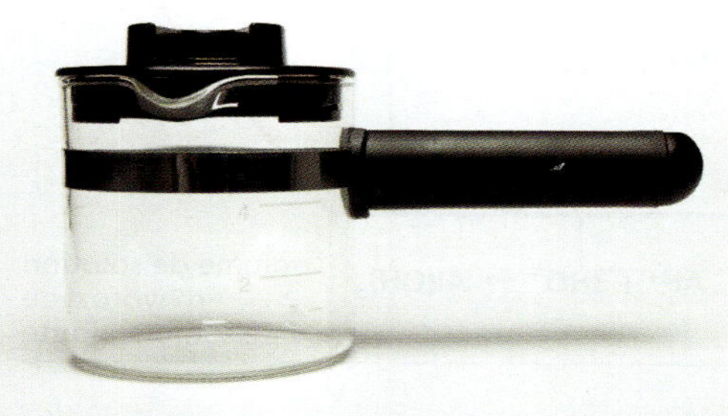

Fig. 1 Objet en verre Pyrex®.

DOC 1 *Composition massique du verre Pyrex®*

L'analyse chimique d'un verre s'exprime en masse d'oxyde des éléments chimiques qui le constituent, ces éléments chimiques étant le silicium, le bore, l'aluminium, le sodium, le calcium et le magnésium dans le cas du verre Pyrex®.
Les masses de chaque oxyde, pour 100 g de ce verre, sont données dans le tableau suivant.

	SiO_2	B_2O_3	Al_2O_3	Na_2O	CaO	MgO
Pyrex®	80,6	12,6	2,2	4,2	0,1	0,05

DOC 2 *Corps chimiques portés à haute température*

De nombreux corps chimiques se transforment quand ils sont portés à haute température. Certains brûlent, d'autres se décomposent. La décomposition intervient dans le cas des carbonates qui perdent du dioxyde de carbone à plus ou moins haute température. L'équation chimique correspondante est $MCO_3 \rightarrow MO + CO_2$ (où M est un élément chimique). D'autres corps se déshydratent, comme les hydroxydes. L'équation chimique suivante en est un exemple : $2\ Al(OH)_3 \rightarrow Al_2O_3 + 3\ H_2O$. Cette perte d'eau ne doit pas être confondue avec une opération de séchage qui interviendrait si un corps humide était chauffé. Il perdrait alors son eau sans se décomposer pour autant.

DOC 3 *Fabrication d'un verre*

Un verrier et un chimiste s'associent pour fabriquer 100 g de verre avec les produits trouvés dans un laboratoire.
Ils récupèrent :

- de la silice SiO_2 ;
- de l'acide borique $B(OH)_3$;
- de l'alumine Al_2O_3 ;
- une solution d'hydroxyde de sodium de concentration inconnue ;
- du carbonate de calcium $CaCO_3$;
- du magnésium Mg, un métal qui peut brûler s'il est chauffé à l'air.

Afin d'en savoir un peu plus sur la solution d'hydroxyde de sodium, ils en prélèvent 2,00 mL qu'ils diluent avec une vingtaine de millilitres d'eau. Ils titrent cette préparation par une solution d'acide chlorhydrique à 0,80 $mol.L^{-1}$ en présence de bleu de bromothymol. La solution titrée change de couleur pour 13,6 mL d'acide versé.

Données :
Masse molaire (en $g.mol^{-1}$) : Si : 28,1 ; B : 10,8 ; Al : 27,0 ; Na : 23,0 ; Ca : 40,1 ; Mg : 24,3 ; O : 16,0 ; H : 1,00.

Question

Donner un mode opératoire précis pour constituer le mélange de chacun de ces produits chimiques qui sera porté dans un four pour préparer 100 g de verre Pyrex®.

Analyse et synthèse de documents

4 Élaboration du nylon®

Mots clés Élaboration des matériaux

Comme l'indiquent les protocoles des documents qui suivent, la préparation du nylon 6-6, ce polymère de la vie de tous les jours, diffère au laboratoire et à l'échelle industrielle.

Rédiger une synthèse s'appuyant sur les documents ci-joints et permettant de justifier les choix implicitement présents dans ces protocoles.

DOC 1 *Protocole de laboratoire*

- Introduire dans une éprouvette graduée 10 mL de cyclohexane et cinq gouttes de chlorure d'adipoyle. Cette solution est appelée A.
- Introduire dans une seconde éprouvette graduée 10 mL d'hexane-1,6-diamine, quelques gouttes de soude. Agiter pour obtenir la solution B.
- Mettre 10 mL de solution B dans un bécher et verser lentement, le long d'une baguette en verre, la solution A au-dessus de la solution B. À l'interface des deux solutions, un film de nylon se forme. S'en saisir avec une pince, en étirer un fil et l'enrouler autour d'un tube à essais.
- Dérouler le film puis le laver dans une solution d'acide éthanoïque à 5 %. Rincer à l'eau et laisser sécher.

DOC 2 *Protocole industriel*

Industriellement, la production de nylon 6-6 est réalisée à partir de l'acide adipique (ou acide hexanedioïque) et de l'hexane-1,6-diamine.

Pour cela, il est nécessaire de procéder en deux étapes :

- Première étape : formation de « sel de nylon » en faisant réagir cet acide carboxylique avec l'amine.
- Deuxième étape : déshydratation du « sel de nylon » par chauffage à reflux à 280 °C avec élimination d'eau.

DOC 3 *Informations sur les matières premières*

Espèce chimique et formule	Prix €/kg	Pictogrammes	Informations diverses
Acide adipique $HOOC{-}(CH_2)_4{-}COOH$	29		
Chlorure d'adipoyle $ClOC{-}(CH_2)_4{-}COCl$	145		Se transforme en acide carboxylique au contact de l'eau.
Hexane-1,6-diamine $H_2N{-}(CH_2)_6{-}NH_2$	607		
Cyclohexane C_6H_{12}	10		Non miscible dans une phase aqueuse.

DOC 4 *Les différents types de réactions autour des amines*

- Les acides carboxyliques donnent des sels d'ammonium avec les amines :

$$RCOOH + H_2N\text{-}R' \rightarrow RCOO^-,H_3N^+\text{-}R'$$

- Par chauffage, ces carboxylates d'ammonium se déshydratent :

$$RCOO^-,H_3N^+\text{-}R' \xrightarrow{\Delta} R\text{-}CO\text{-}NH\text{-}R + H_2O$$

- Les chlorures d'acyle réagissent en milieu basique avec les amines pour donner des amides et du chlorure d'hydrogène :

$$RCOCl + H_2N\text{-}R' \rightarrow R\text{-}CO\text{-}NH\text{-}R' + HCl$$

5 Vieillissement des cires contenues dans les liants de peinture

Mots clés Vieillissement et protection des matériaux

Les portraits Fayoum sont des peintures funéraires égyptiennes datant de la période romaine (Ier au IVe siècle après J.-C.). La plupart de ces portraits sont de grandeur nature, peints sur des plaquettes de bois ou des toiles de lin. Leur rôle était d'assurer la conservation du visage des défunts dans l'au-delà.

Les spécialistes supposent que le liant pour peinture utilisé était de la cire d'abeille.

Fig. 1 Portrait Fayoum.

Rédiger un texte de synthèse, s'appuyant sur les documents suivants, permettant de valider que le liant est à base de cire d'abeille et de montrer que l'œuvre ne peut pas être une copie récente.

DOC 1 — *Spectre infrarouge de la cire d'abeille*

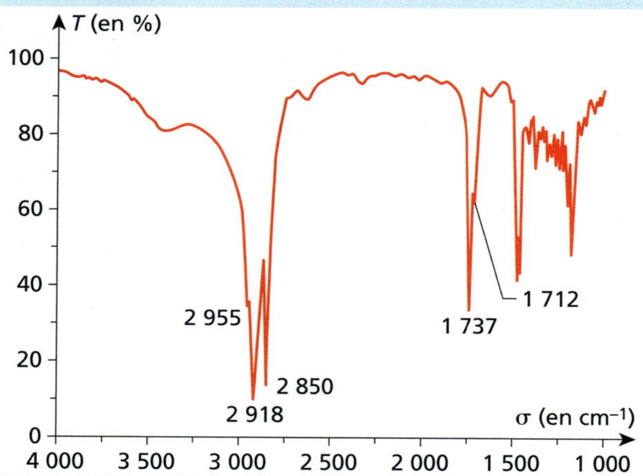

DOC 2 — *Vieillissement de la cire d'abeille*

La cire d'abeille contient des esters qui s'hydrolysent avec le temps.
L'équation générale d'une hydrolyse d'ester est de la forme suivante :

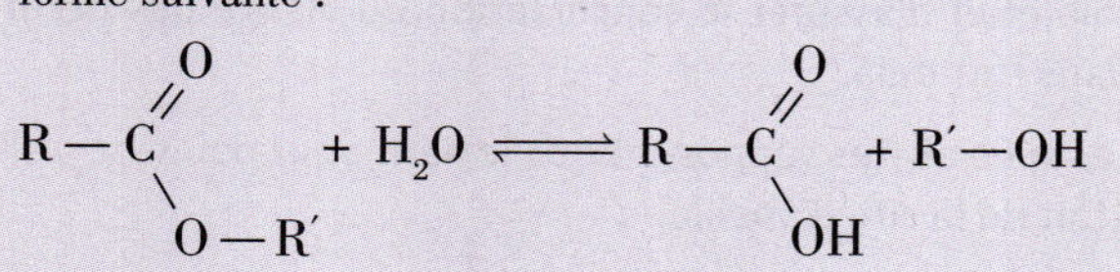

DOC 3 — *Spectre infrarouge du liant échantillonné sur l'œuvre d'art*

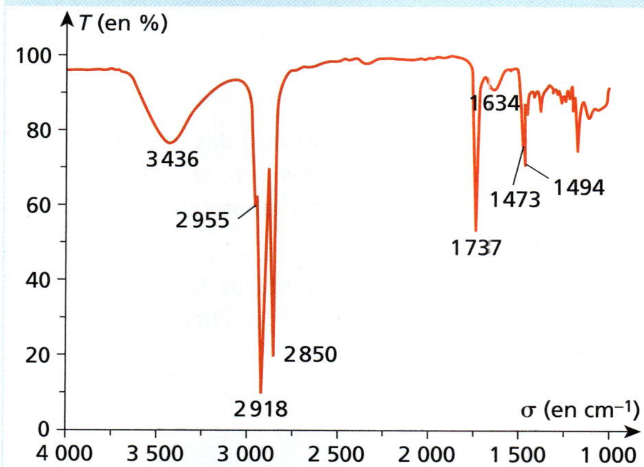

DOC 4 — *Extrait de table de spectroscopie IR*

Fonction	Bandes caractéristiques (cm^{-1})
alcane	C_{ane}–H : 2 800-3 000
alcool	O–H alcool libre : 3 580-3 670 O–H alcool lié : 3 200-3 400
ester	C=O : 1 700-1 740
acide carboxylique	O–H : 3 200-3 400 C=O : 1 680-1 710

RÉSOLU 6 Les câbles supraconducteurs

Mots clés Conducteurs • Supraconducteurs

En utilisant les documents qui suivent, rédigez un texte de synthèse présentant les enjeux et les difficultés liés à l'utilisation des matériaux supraconducteurs dans le transport de l'électricité.

DOC 1 — *Données sur les câbles électriques classiques*

- Composition : cuivre ou aluminium.
- Résistance électrique linéique : environ 5 $\Omega.km^{-1}$.
- Intensité maximale pouvant circuler sans que le câble ne fonde : environ 5 mA par millimètre carré de section du câble.
- Tension : 400 kV pour les câbles à très haute tension en France.

DOC 2 — *Record du monde de longueur pour un câble supraconducteur*

Un câble en remplace 150

Aux États-Unis, la société Nexans, fabricant de câbles électriques (et leader mondial du secteur), et l'américaine AMSC (*American Superconductor Corporation*), ont installé la première ligne à supraconducteurs de six cents mètres de longueur, à Holbrook, près de New York, pour le compte de la LIPA (*Long Island Power Authority*). Le matériau du câble est un cuprate comportant du bismuth, du strontium et du calcium (Bi-Sr-Ca-Cu-O), dont la température critique est d'environ -170 °C. La gaine est refroidie en permanence par de l'azote liquide (la société Air liquide était partie prenante de cette installation pilote).

Avec ses trois câbles, cette liaison peut transporter jusqu'à 574 mégawatts, soit une puissance suffisante pour alimenter trois cent mille foyers (américains). Pourtant, la tension électrique est seulement de 138 kV. Mais chaque câble peut supporter une intensité de 2400 ampères, très au-delà de ce que pourrait supporter un câblage traditionnel, véhiculant 150 fois plus d'électricité qu'une liaison en cuivre. Le coût supplémentaire imposé par le système de refroidissement semble compensé par les avantages, dont, surtout, l'absence de toute perte d'énergie.

D'après Jean-Luc Goudet, Futura-Sciences.

DOC 3 — *Résistance d'un matériau supraconducteur*

Un matériau supraconducteur est conducteur à température ambiante et connaît une transition de phase à une température critique, au-dessous de laquelle sa résistance est nulle **(Fig. 1)**.

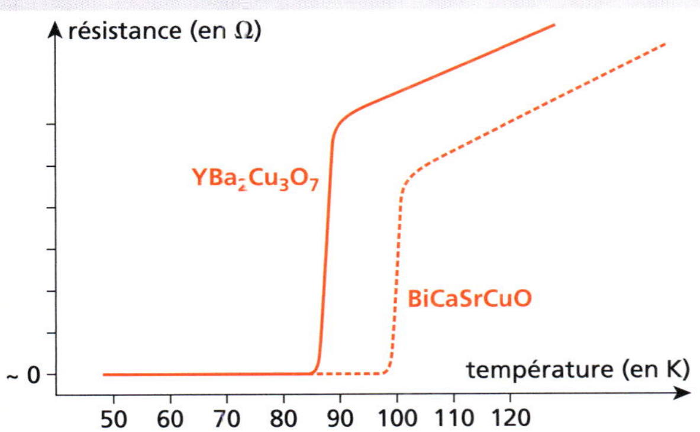

Fig. 1 Résistance et température pour deux supraconducteurs.

DOC 4 — *La course aux hautes températures critiques*

La recherche de matériaux aux hautes températures critiques T_c est vive **(Fig. 2)**.

Rappel : la température en kelvins T et la température en degrés Celsius θ vérifient la relation $T = \theta + 273{,}15$.

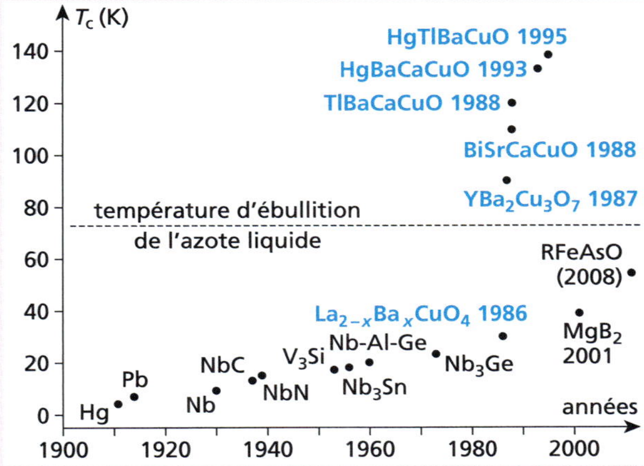

Fig. 2 Évolution des découvertes de matériaux supraconducteurs.

DOC 5 — *Schéma d'un câble supraconducteur*

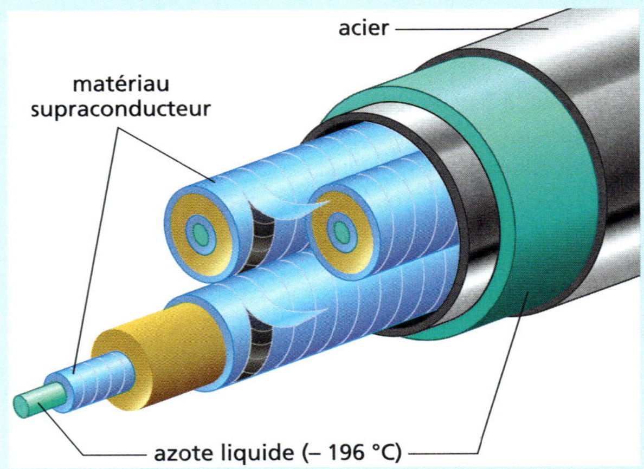

7 Les cristaux liquides

Mots clés Cristaux liquides

La molécule de formule ci-après donne une unique mésophase appelée colonnaire, parce que les molécules du cristal liquide sont assimilable à des disques empilés. Ses températures de changement d'état sont :

Cristal → mésophase : $\theta = 80°C$

Mésophase → liquide : $\theta = 82°C$

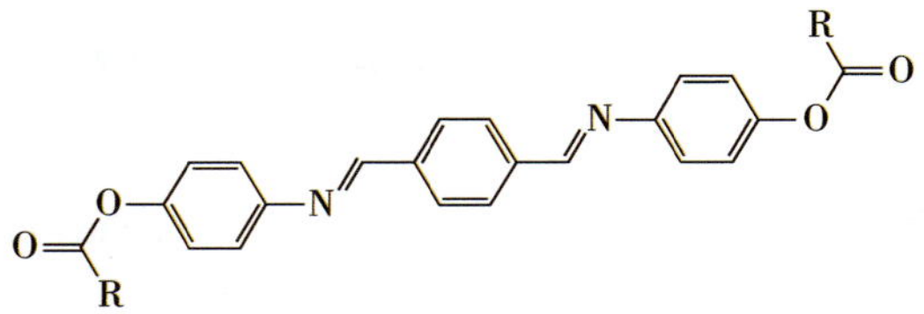

R est un groupe d'atomes qui n'est pas pris en compte ici.

Il vous est demandé de proposer la stratégie de synthèse de ce composé en donnant les réactifs de départ et les équations chimiques, d'indiquer si le composé obtenu est susceptible d'avoir des stéréoisomères, d'indiquer la façon dont vous caractériseriez ce composé par spectroscopie, et enfin, comment vous montreriez sa propriété de cristal liquide.

DOC 1 *Synthèse d'ester et d'imine*

Les réactions dont les équations chimiques sont données ci-dessous sont générales.
Formation d'un ester :
$R_1{-}COCl + R_2{-}OH \rightarrow R_1{-}COO{-}R_2 + H^+ + Cl^-$
Formation d'une imine :
$R_1{-}NH_2 + R_2{-}CHO \rightarrow R_1{-}N{=}CH{-}R_2$
Les acides carboxyliques réagissent également avec les amines et les alcools réagissent avec les aldéhydes.

DOC 2 *Stéréochimie de la double liaison* C=N

La double liaison C=N a les mêmes propriétés géométriques que celle des alcènes à savoir : deux géométries donnant une propriété d'isomérie

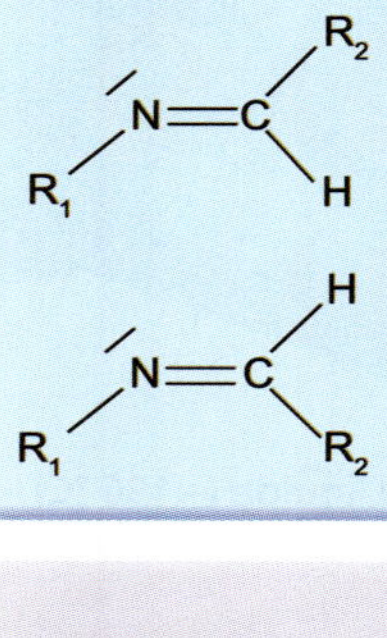

DOC 3 *Groupe protecteur*

De même que pour les groupes amine ou carboxyle des acides α-aminés, lors de la synthèse peptidique, il est possible de protéger le groupe OH des fonctions alcool pour réaliser une synthèse en l'absence de réactifs chimiosélectifs ; ce groupe protecteur sera noté (GP) et pourra intervenir lors de la réaction d'équation :

$$R_1{-}OH + (GP)OH \rightleftharpoons R_1{-}O{-}(GP) + H_2O$$

8 Repérer et mesurer la pollution domestique

Mots clés Matériaux nanostructurés

L'usage de matériaux de plus en plus diversifiés issus de la pétrochimie pose la question de la pollution domestique de l'air. La détection des composés chimiques résiduels, parfois toxiques à faible dose, a requis l'élaboration de capteurs de grande sensibilité. Certains de ces capteurs mettent en œuvre des dispositifs nanostructurés.

En utilisant les documents ci-dessous, rédigez une synthèse expliquant le fonctionnement du capteur nanostructuré. Vous expliquerez pourquoi le formaldéhyde doit être repéré et sa concentration évaluée. Vous expliquerez, en utilisant des connaissances de chimie, le principe de fonctionnement du dispositif.

DOC 1 *Généralités sur le formaldéhyde*

Le formaldéhyde est couramment utilisé dans l'industrie. Il est impliqué dans l'élaboration de panneaux d'aggloméré de bois et de contreplaqué, de mousses isolantes urée-formol, de moquettes, de charpentes de bois lamellé collé, de vernis pour parquets…

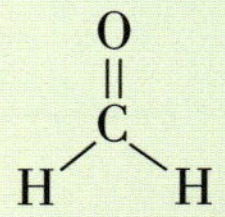

Fig. 1 Formule développée du formaldéhyde.

FORMALDÉHYDE

DANGER

H 351 – Susceptible de provoquer le cancer.
H 331 – Toxique par inhalation.
H 311 – Toxique par contact cutané.
H 301 – Toxique par ingestion.
H 314 – Provoque des brûlures de la peau et des lésions oculaires graves.
H 317 – Peut provoquer une allergie cutanée.

Nota : Les conseils de prudence P sont sélectionnés selon le critère de l'annexe & du règlement (CE) n° 1272/2008
200-001-8

DOC 2 *Au sein du capteur*

Des molécules de fluoral P, insérées dans les nanopores du capteur, réagissent avec le formaldéhyde dont la petite taille lui permet de s'y insérer. Plus l'aldéhyde est présent dans l'atmosphère, plus la couleur adoptée par le capteur est intense se qui se repère à l'œil ou avec un dispositif optique.

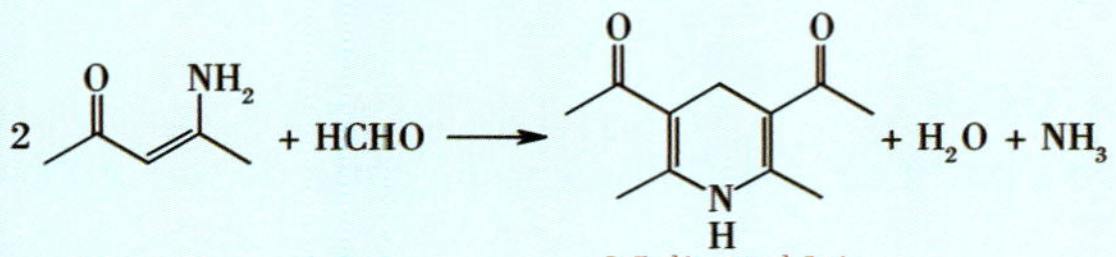

Fluoral P — 3,5-diacétyl-1,4-dihydrolutidine

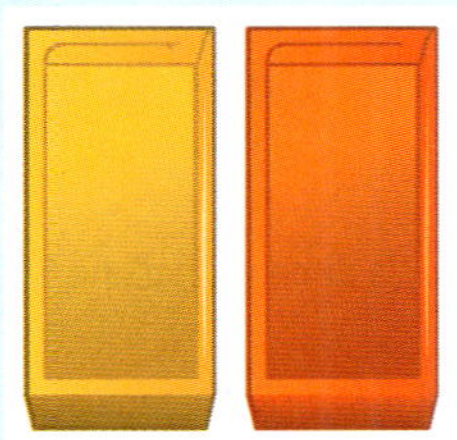

Fig. 2 Capteurs dans différentes conditions de mesure.

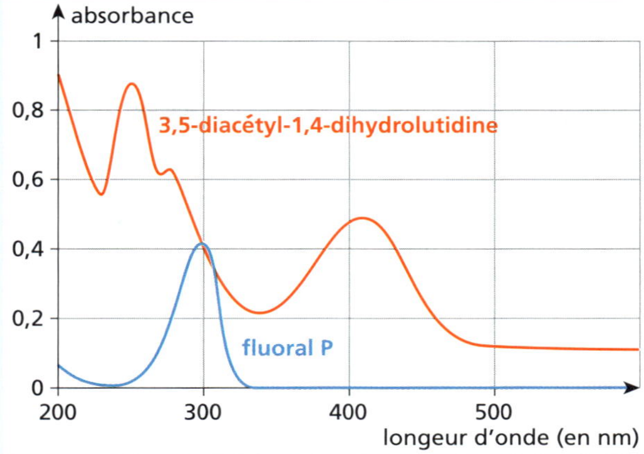

Fig. 3 Spectres UV-visible du Fluoral P et de la 3,5-diacétyl-1,4-dihydrolutidine.

DOC 3 *Polymères*

Les polymères sont des molécules non volatiles et non toxiques, dont la longue chaîne a été obtenue par réaction de molécules appelées monomères, à courte chaîne carbonée, souvent volatiles et parfois toxiques. Le danger d'un matériau provient de la petite part des monomères qui n'ont pas réagi et qui sont toujours présents dans le polymère. À l'usage, le polymère relargue le monomère dans l'atmosphère, ce qui lui donne une légère odeur et qui explique sa toxicité.

OBJECTIF

Déterminer la dimension d'une grandeur ; vérifier l'homogénéité d'une relation par analyse dimensionnelle.

Les six dimensions de base utilisées dans le cadre du programme de Terminale S sont répertoriées dans la **figure 1**.

Grandeur	Longueur	Masse	Durée	Intensité électrique	Quantité de matière	Température
Unité SI	mètre (m)	kilogramme (kg)	seconde (s)	ampère (A)	mole (mol)	kelvin (K)
Notation	L	M	T	I	n	Θ

Fig. 1 Les six dimensions.

1 Détermination de la dimension d'une grandeur

La dimension d'une grandeur *x* est notée [*x*]. Elle se détermine soit à partir de sa définition, soit à partir de son unité.

Utilisation de sa définition

- Soit elle est définie dans l'énoncé de l'exercice.
- Soit elle est définie dans le cours de physique-chimie.
- Soit il faut utiliser une relation impliquant la grandeur.

▶ $[d] = \mathrm{L}$ se lit « la grandeur *d* a la dimension d'une longueur ».

▶ $[a] = \dfrac{\mathrm{L}}{\mathrm{T}^2}$ se lit « la dimension de l'accélération *a* est celle d'une distance divisée par une durée au carré ».

▶ Puisqu'une force $\vec{F}$ vérifie la relation $\vec{F} = m\vec{a}$, la dimension d'une force est $[F] = \mathrm{M}\dfrac{\mathrm{L}}{\mathrm{T}^2}$.

Utilisation de son unité

▶ La valeur du champ de pesanteur est $g = 9{,}8\ \mathrm{m.s^{-2}}$: sa dimension est donc $[g] = \dfrac{\mathrm{L}}{\mathrm{T}^2}$.

2 Vérification d'une relation par analyse dimensionnelle

Une analyse dimensionnelle permet de détecter des erreurs dans une expression littérale ou dans l'unité d'un résultat. Elle ne permet pas d'être certain qu'une relation est juste et ne tient pas compte des facteurs sans dimension.

Raisonnement sur les dimensions

- Exprimer les dimensions de chacun des termes présents dans l'expression, en fonction des dimensions de base si nécessaire.
- En déduire la dimension de chaque membre de l'égalité.
- Vérifier que les deux membres ont la même dimension. Si ce n'est pas le cas, l'expression est incorrecte.

▶ Un volume *V* d'une espèce chimique liquide, de masse volumique ρ et de masse molaire *M*, est prélevé. Par analyse dimensionnelle, vérifier l'expression suivante pour la quantité de matière d'espèce prélevée : $n = \dfrac{\rho V}{M}$.

▶ Pour la masse molaire : $[M] = \dfrac{\mathrm{M}}{\mathrm{n}}$. Pour la masse volumique : $[\rho] = \dfrac{\mathrm{M}}{[V]}$.

▶ Pour le membre de droite : $\left[\dfrac{\rho V}{M}\right] = \dfrac{[\rho][V]}{[M]} = \dfrac{\dfrac{\mathrm{M}}{\cancel{[V]}}\cancel{[V]}}{\dfrac{\mathrm{M}}{\mathrm{n}}} = \dfrac{\cancel{\mathrm{M}}\mathrm{n}}{\cancel{\mathrm{M}}}$

▶ Le membre de droite a bien la dimension d'une quantité de matière. L'expression est homogène.

Raisonnement sur les unités

- Écrire les unités de chacune des grandeurs.
- Déterminer l'unité de chaque membre de l'égalité.
- Vérifier que les deux membres ont la même dimension. Si ce n'est pas le cas, l'expression est incorrecte.

▶ Il s'agit de vérifier l'homogénéité de la relation $T = 2\pi\sqrt{\dfrac{l}{g}}$ donnant la période d'un pendule de longueur *l* dans le champ de pesanteur de valeur *g*.

▶ *l* est en m et *g* en $\mathrm{m.s^{-2}}$.

▶ $\dfrac{l}{g}$ est en $\dfrac{\mathrm{m}}{\mathrm{m.s^{-2}}}$, donc en $\mathrm{s^2}$. Par conséquent, $\sqrt{\dfrac{l}{g}}$ est en s.

Comme 2π n'a pas d'unité, $2\pi\sqrt{\dfrac{l}{g}}$ est en s. *T* est également en secondes.

▶ Les deux membres ont la même unité : la relation $T = 2\pi\sqrt{\dfrac{l}{g}}$ est bien homogène.

Exploitation graphique, coefficient directeur

OBJECTIF

Déterminer graphiquement l'équation d'une droite.

Dans de nombreuses situations expérimentales, les points de mesure semblent alignés. Le tracé et l'étude d'une **droite de régression** donnent de précieuses informations sur l'expérience ou le modèle qui la décrit.

1 Aspects mathématiques

La représentation d'une droite conduit à rechercher son équation sous la forme $y = ax + b$. Les paramètres a et b peuvent s'obtenir graphiquement à partir de deux points A et B sur la droite, choisis bien éloignés l'un de l'autre, de coordonnées $(x_A ; y_A)$ et $(x_B ; y_B)$ **(Fig. 1)**.

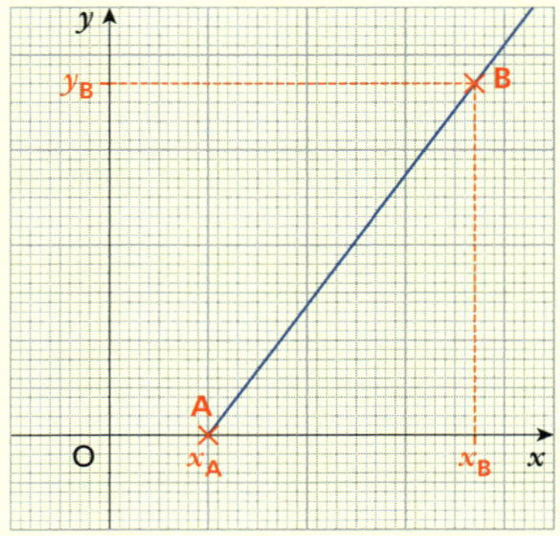

Fig. 1 Choix des points A et B.

Détermination du coefficient directeur *a*

C'est un accroissement en ordonnée divisé par un accroissement en abscisse : $a = \dfrac{y_B - y_A}{x_B - x_A}$.

Si la droite est croissante, a est positif ; si elle décroît il est négatif.

Détermination de l'ordonnée à l'origine *b*

En règle générale, elle est lue directement sur l'axe des ordonnées : c'est l'ordonnée du point où la droite coupe l'axe des ordonnées.

Lorsqu'elle n'est pas lisible, comme sur la **figure 1**, il faut résoudre l'équation dont b est l'inconnue pour l'un des points A ou B : $y_B = ax_B + b$ donne $b = y_B - ax_B$.

Si la droite passe par l'origine du graphique, $b = 0$ et la fonction est linéaire, d'équation $y = ax$. Sinon, il s'agit d'une fonction affine.

2 Utilisation en chimie : exemple d'une droite d'étalonnage conductimétrique

Des mesures d'étalonnage conductimétrique conduisent à tracer la courbe de la **figure 2**.

- Écrire l'équation de la droite en adaptant les notations de l'abscisse x et de l'ordonnée y à la situation.

▸ La droite passe par l'origine : il s'agit de la représentation d'une fonction linéaire, conformément à la loi de Kohlrausch.

L'abscisse x est la concentration C ; l'ordonnée y est la conductivité σ.

L'équation de la droite se résume donc à $\sigma = aC$.

- Exprimer le coefficient directeur à l'aide des coordonnées des points A et B.

▸ $a = \dfrac{\sigma_B - \sigma_A}{C_B - C_A}$

- Calculer le coefficient directeur en utilisant les unités les plus adaptées.
- Ne pas oublier son unité, obtenue comme l'unité de l'ordonnée divisée par l'unité de l'abscisse.

▸ $a = \dfrac{59.10^{-3} - 0}{5{,}0 - 0} = 12.10^{-3}\ \text{S.m}^2\text{.mol}^{-1}$

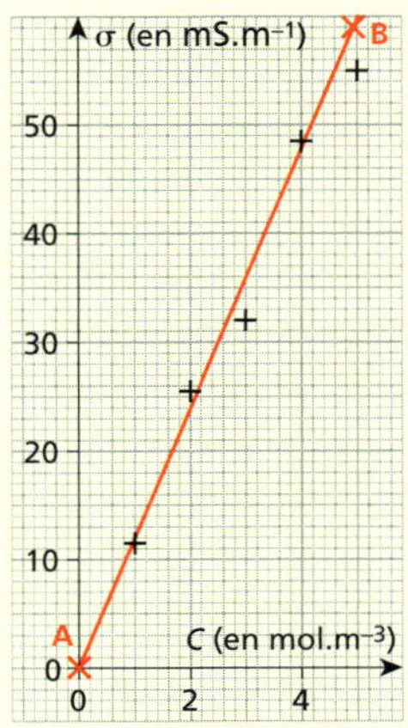

Fig. 2 Vérification de la loi de Kolrausch.

OBJECTIF

Savoir **identifier, nommer et représenter** la verrerie de laboratoire.

1 Identifier et nommer la verrerie

La **figure 1** représente la verrerie et les accessoires couramment utilisés dans les laboratoires de chimie. Il faut savoir identifier et nommer ces différents objets.

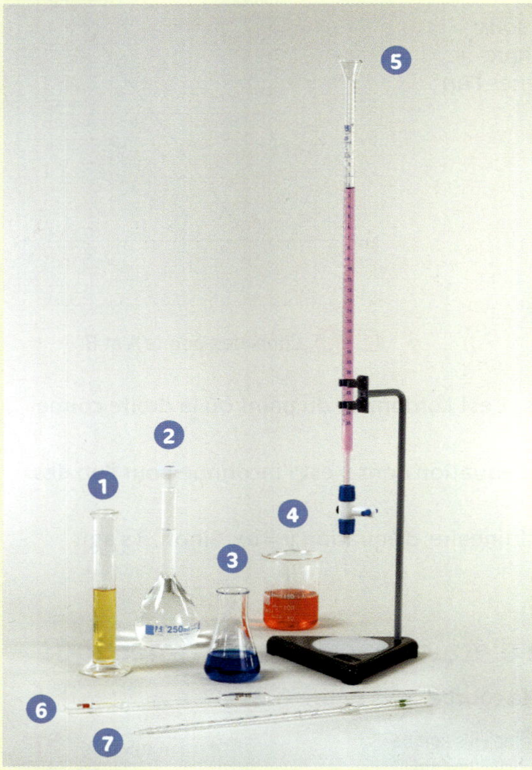

1. Éprouvette graduée
2. Fiole jaugée
3. Erlenmeyer
4. Bécher
5. Burette graduée
6. Pipette jaugée
7. Pipette graduée

Fig. 1 Verrerie et accessoires utilisés dans les laboratoires de chimie.

2 Représenter la verrerie

Lors de la description d'expériences, certaines pièces de verrerie doivent être représentées. Pour cela, on réalise des schémas simples, sans perspective **(Fig. 2)**.

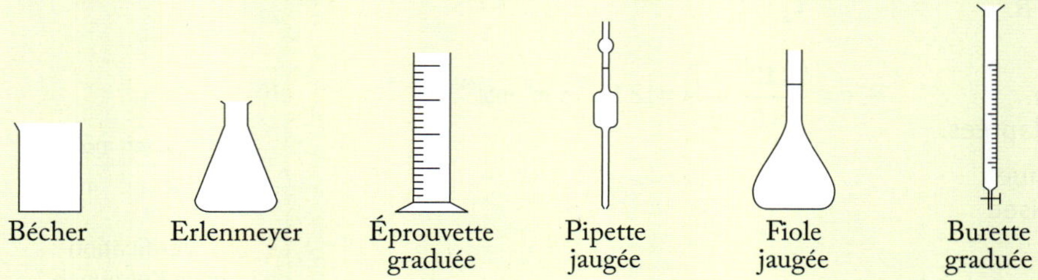

Fig. 2 Schéma de la verrerie usuelle.

4 Préparation d'une solution par dissolution

OBJECTIF

Préparer un volume $V = 250$ mL d'une solution aqueuse de concentration massique $C_m = 24{,}0$ g.L^{-1} de sulfate de cuivre pentahydraté.

La préparation d'une solution de concentration connue peut se réaliser en dissolvant l'espèce chimique à l'état solide dans un solvant comme l'eau.

Cette préparation s'effectue en plusieurs étapes : la pesée, la dissolution puis l'homogénéisation de la solution de volume connu.

1 La pesée

- Calculer la masse m de solide à prélever : $m = C_m V$
  ▸ $m = 24{,}0 \times 0{,}250 = 6{,}00$ g de sulfate de cuivre pentahydraté.
- Tarer une coupelle pour ne par tenir compte de sa masse.
  ▸ Placer une coupelle vide sur le plateau d'une balance en fonctionnement.
  Appuyer sur le bouton « TARE » pour ramener l'indication à « 0 ».
- Prélever la masse m voulue.
  ▸ À l'aide d'une spatule, ajouter 6,00 g de sulfate de cuivre pentahydraté sur la coupelle.

2 La dissolution

- Transvaser.
  ▸ Transvaser les 6,00 g dans une fiole jaugée de 250 mL à l'aide d'un entonnoir à solides.
- Rincer afin de ne pas perdre de cristaux.
  ▸ Rincer la coupelle et l'entonnoir avec de l'eau distillée à l'aide d'une pissette de façon à ce que l'eau de rinçage aille dans la fiole.
- Dissoudre.
  ▸ Ajouter de l'eau distillée jusqu'à la moitié de la fiole jaugée, boucher et agiter jusqu'à dissolution complète du solide.

3 L'homogénéisation

- Ajuster au volume V.
  ▸ Ajouter de l'eau distillée dans la fiole jaugée jusqu'au trait de jauge.
- Homogénéiser la solution.
  ▸ Boucher et agiter en renversant la fiole pour homogénéiser la solution.
  Étiqueter soigneusement.

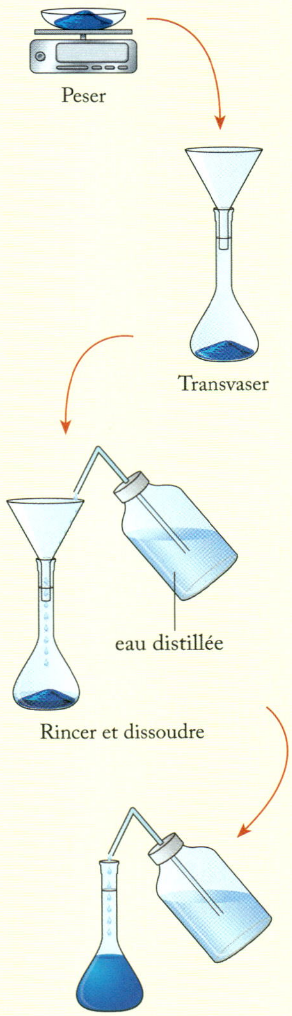

5 Préparation d'une solution par dilution

OBJECTIF

Préparer un volume $V_1 = 100$ mL d'une solution aqueuse de permanganate de potassium de concentration molaire $C_1 = 2{,}00.10^{-2}$ mol.L^{-1} en diluant une solution mère de concentration $C_0 = 0{,}100$ mol.L^{-1}.

1 Le prélèvement

• Calculer le volume V_0 de solution mère à prélever : $V_0 = \dfrac{C_1 \times V_1}{C_0}$.

▸ $V_0 = \dfrac{2{,}00.10^{-2} \times 100}{0{,}100} = 20{,}0$ mL.

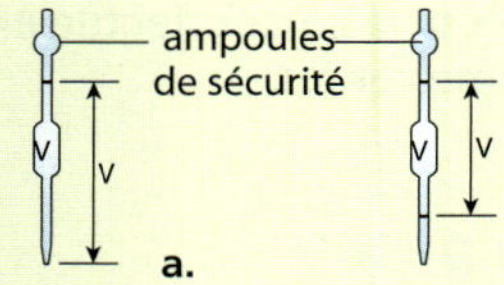

a. b.

• Choisir la verrerie de précision adaptée à la préparation demandée.

• Pipette jaugée de 20,0 mL (attention, certaines pipettes jaugées n'ont qu'un seul trait **(Fig. a)** et d'autres en ont deux **(Fig. b)**).

• Fiole jaugée de volume $V_1 = 100$ mL.

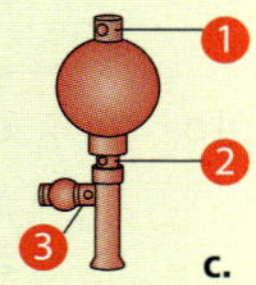

c.

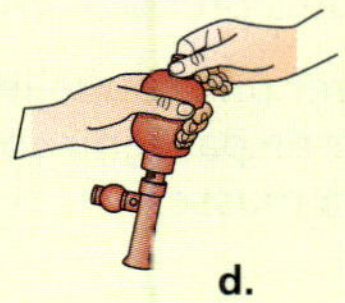

d.

• Prélever le volume V_0 en utilisant une poire à prélèvement **(Fig. c)**.

• Verser environ 40 mL (le double de ce qui est nécessaire) de solution mère dans un bécher.

• En pressant sur la valve 1, appuyer sur la poire pour la vider de son air, puis relâcher 1 **(Fig. d)** (appuyer seulement sur la poire s'il n'y a que deux valves).

• Assembler la pipette et la poire sans forcer.

• Aspirer le liquide à prélever en appuyant sur 2 ; dépasser le trait de jauge supérieur, mais pas l'ampoule de sécurité **(Fig. e)**.

• Ajuster le niveau du liquide au trait de jauge supérieur de la pipette **(Fig. f)**.en appuyant sur 3. Mettre les yeux au niveau du trait de jauge pour s'assurer que le bas du ménisque coïncide avec le trait de jauge.

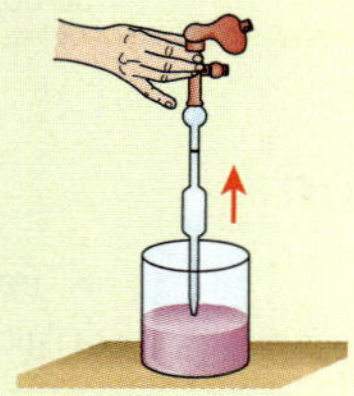

e.

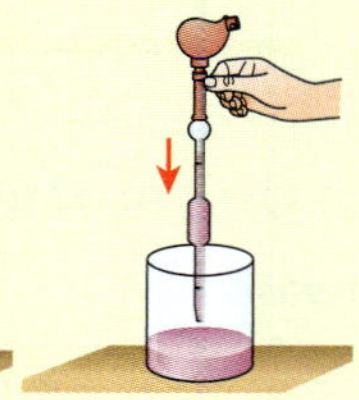

f.

• Mettre le prélèvement dans la fiole jaugée.

• Laisser couler le prélèvement dans la fiole jaugée en appuyant sur 3. Ne pas dépasser le trait de jauge inférieur si la pipette comporte deux traits **(Fig. g)**. Si la pipette n'a qu'un trait, ne pas forcer les dernières gouttes à couler.

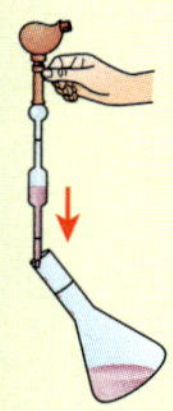

g.

2 La dilution et l'homogénéisation

• Ajouter le solvant.

• Remplir la fiole aux trois quarts avec de l'eau distillée et agiter pour homogénéiser **(Fig. h)**.

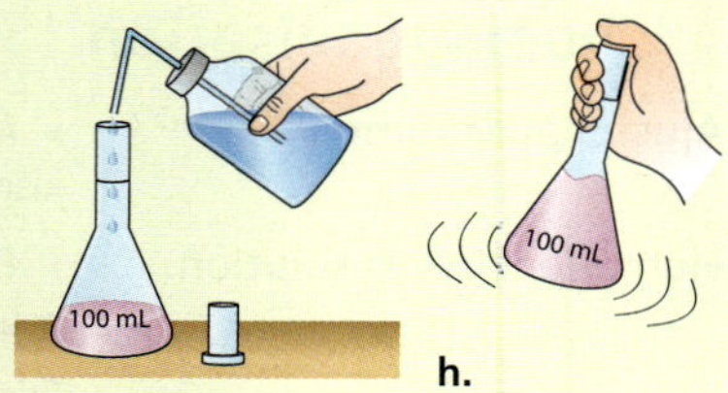

h.

• Ajouter de l'eau distillée jusqu'au trait de jauge de la fiole **(Fig. i)**. Si le trait de jauge est dépassé, il faut tout recommencer.

• Homogénéiser la solution

• Boucher et agiter en renversant plusieurs fois la fiole pour homogénéiser la solution.

• Étiqueter soigneusement.

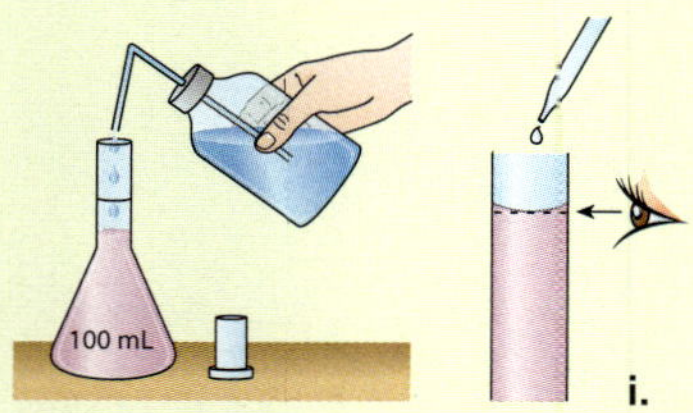

i.

1 Le sujet

Le contexte du sujet pose le problème à résoudre.

Le travail à effectuer par le candidat est présenté en quelques étapes.

Chaque étape est associée à une **COMPÉTENCE** évaluée et à une **durée conseillée**.

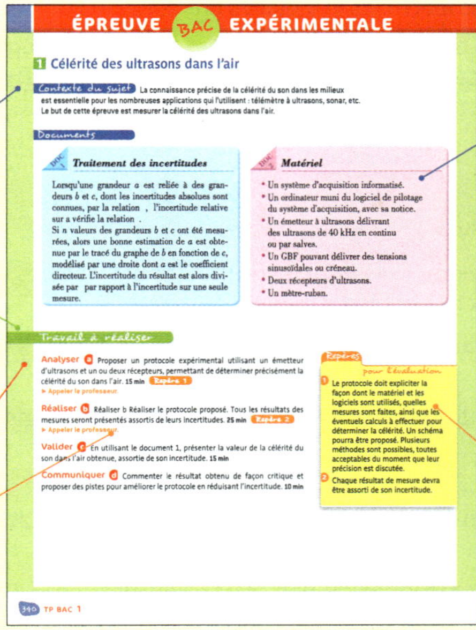
ÉPREUVE BAC EXPÉRIMENTALE

1 Célérité des ultrasons dans l'air

Contexte du sujet La connaissance précise de la célérité du son dans les milieux est essentielle pour les nombreuses applications qui l'utilisent : télémètre à ultrasons, sonar, etc. Le but de cette épreuve est mesurer la célérité des ultrasons dans l'air.

Documents

DOC 1 Traitement des incertitudes

Lorsqu'une grandeur *a* est reliée à des grandeurs *b* et *c*, dont les incertitudes absolues sont connues, par la relation , l'incertitude relative sur a vérifie la relation .
Si *n* valeurs des grandeurs *b* et *c* ont été mesurées, alors une bonne estimation de *a* est obtenue par le tracé du graphe de *b* en fonction de *c*, modélisé par une droite dont *a* est le coefficient directeur. L'incertitude du résultat est alors divisée par par rapport à l'incertitude sur une seule mesure.

DOC 2 Matériel

- Un système d'acquisition informatisé.
- Un ordinateur muni du logiciel de pilotage du système d'acquisition, avec sa notice.
- Un émetteur à ultrasons délivrant des ultrasons de 40 kHz en continu ou par salves.
- Un GBF pouvant délivrer des tensions sinusoïdales ou créneau.
- Deux récepteurs d'ultrasons.
- Un mètre-ruban.

Travail à réaliser

Analyser a Proposer un protocole expérimental utilisant un émetteur d'ultrasons et un ou deux récepteurs, permettant de déterminer précisément la célérité du son dans l'air. 15 min Repère 1
▶ Appeler le professeur.

Réaliser b Réaliser b Réaliser le protocole proposé. Tous les résultats des mesures seront présentés assortis de leurs incertitudes. 25 min Repère 2
▶ Appeler le professeur.

Valider c En utilisant le document 1, présenter la valeur de la célérité du son dans l'air obtenue, assortie de son incertitude. 15 min

Communiquer d Commenter le résultat obtenu de façon critique et proposer des pistes pour améliorer le protocole en réduisant l'incertitude. 10 min

Repères pour l'évaluation

1 Le protocole doit expliciter la façon dont le matériel et les logiciels sont utilisés, quelles mesures sont faites, ainsi que les éventuels calculs à effectuer pour déterminer la célérité. Un schéma pourra être proposé. Plusieurs méthodes sont possibles, toutes acceptables du moment que leur précision est discutée.

2 Chaque résultat de mesure devra être assorti de son incertitude.

340 TP BAC 1

Des textes, des données numériques ou graphiques, des protocoles, une liste de matériel... mis à disposition du candidat.

Ces repères sont fournis pour chaque sujet dans ce livre de manière à indiquer au candidat quelques critères sur lesquels l'évaluation peut porter. Ils ne sont pas exhaustifs et ne figureront pas sur les sujets de l'examen final.

Ces **appels** permettent à l'examinateur de vérifier et de noter le travail effectué, mais aussi d'apporter l'aide nécessaire au candidat qui est bloqué totalement ou partiellement. L'examinateur dispose de solutions partielles ou totales de l'étape et peut les distribuer au candidat.

2 Compétences évaluées

S'APPROPRIER le sujet pour en identifier l'objectif.

ANALYSER le problème donné pour :
- proposer une résolution ;
- élaborer un protocole expérimental.

RÉALISER un protocole expérimental :
- dans le respect des étapes et du matériel imposés ;
- dans le respect des règles de sécurité ;
- de manière posée et organisée ;
- en effectuant les calculs simples nécessaires.

VALIDER les résultats obtenus :
- en les confrontant à d'autres ;
- en évaluant les incertitudes associées et en identifiant les sources d'erreurs ;
- en les critiquant de manière à améliorer le protocole.

COMMUNIQUER les hypothèses ou les conclusions :
- en utilisant le vocabulaire adapté ;
- en argumentant de manière cohérente.

Le candidat devra également être autonome et faire preuve d'initiative.

3 Déroulement de l'épreuve de bac et notation

L'épreuve se déroule en 60 minutes. Chaque candidat tire au sort un sujet et est examiné par un professeur, qui évalue en même temps quatre candidats au maximum.
Le candidat doit avoir à disposition une blouse et de quoi s'attacher les cheveux si besoin.
L'importance de chaque compétence (analyser, réaliser, valider...) dans la note finale dépend de la durée qui lui est consacrée dans la séance. Chaque compétence est ainsi notée de A à D. Un candidat qui obtient A partout a 20/20, un candidat ayant D partout obtient 5/20.

A	B	C	D
Le candidat sait tout faire. Deux interventions de l'examinateur au maximum pour rassurer le candidat.	Quelques interventions de l'examinateur pour aider le candidat à résoudre lui-même ses problèmes.	Le candidat reste bloqué et l'examinateur doit fournir une solution partielle, ce qui permet de poursuivre.	Le candidat n'arrive pas à poursuivre malgré les aides partielles fournies. L'examinateur doit fournir une solution complète.

Rédaction d'une synthèse de documents

OBJECTIF

Savoir construire une synthèse à l'aide de mots-clés et d'étapes précises.

Dans une synthèse de documents, le correcteur n'évalue pas, comme pour un problème, un raisonnement ou une réponse numérique juste ou fausse. Il recherche si une quantité suffisante de mots-clés pertinents et bien utilisés sont présents à partir de sa propre liste de mots-clés.

1 Lire et comprendre

Les mots-clés émergent lors de l'analyse des documents fournis.

- **Lire des textes de façon active** en repérant les informations liées aux termes utilisés dans l'énoncé, en particulier ceux qui touchent aux grandeurs, aux lois ou aux modèles.
- **Donner du sens aux graphes**, en examinant les grandeurs portées sur les axes. Souvent, l'allure de la courbe est significative :
  - droite linéaire (quel coefficient directeur ?) ou avec ordonnée à l'origine (positive, négative, est-ce important ?) ;
  - asymptote, périodicité, etc.
- **Comprendre les schémas**, en relation avec leur légende et avec les textes d'accompagnement. Quel est leur lien avec la question de l'énoncé ?
- **Décoder les formules chimiques** : organiques ou pas, avec quels groupes caractéristiques, avec des atomes de carbone asymétriques, etc.

2 Préparer la synthèse au brouillon

- **Lister les mots-clés** qui vous semblent pertinents.
- **Formuler en vrac des idées** qui vous viennent autour de ces mots-clés en relation avec la question de l'énoncé.
- **Utiliser les connaissances du cours** pour donner de nouvelles idées de mots-clés.
- **Faire appel aux éléments de la démarche scientifique** : calculs, déductions, déterminations graphiques, estimations, explications, hypothèses, interprétations, résultats de mesures, modélisations ou prévisions.
- **Organiser et rédiger la synthèse** en trois parties.
  - L'**introduction** présente brièvement le contenu des documents qui seront utilisés dans la synthèse et fait apparaître des mots-clés. Elle se termine par la description de l'objectif de la synthèse, par exemple sous forme de question.
  - Le **développement** présente les mots-clés et les idées recensées de façon organisée pour répondre à l'objectif. Si la synthèse est longue, alors il faut faire apparaître un **plan**.
  - La **conclusion** montre en quoi les résultats de la démarche répondent à la question posée. Elle fait apparaître les mots-clés et peut poser des pistes de réflexions qui pourraient prolonger la synthèse.

3 Conseils pour la rédaction de la synthèse

- **Structurer les paragraphes** en exposant les idées puis en développant par un exemple, par un raisonnement ou par une illustration. Il faut y introduire un maximum de mots-clés.
- **Écrire clairement :** chaque phrase doit expliciter un lien avec la précédente. Éviter les répétitions et soigner la correction de l'orthographe et de la grammaire.
- **Relire ce qui a été écrit** en se demandant pour chaque phrase si le lecteur peut la comprendre.

Argumentaire	Satisfaisant et bien rédigé		Non satisfaisant		Aucun	
Éléments scientifiques et culturels exploités	Tous	Presque tous		Presque aucun		Aucun
Note sur 5	5	4	3	2	1	0

Fig. 1 Barème.

Corrigés des exercices

Pour démarrer le thème

Thème 1

1 b. $c_S = 7{,}5.10^{-3}$ mol.L^{-1}. Il faut faire attention aux unités, la conductivité dans le tableau n'a pas les mêmes unités que la conductivité de la mesure : 1 S.m^{-1} = 1 000 mS.m^{-1} = 10 mS.cm^{-1}.

2 A **3** C **4** A **5** $I_2 + 2\,S_2O_3^{2-} \rightarrow S_4O_6^{2-} + 2\,I^-$.

6 Même graphique que dans la question 7 mais les courbes se coupent pour pH = pKa = 9,3.

7 Le couple acide-basique est CH_3COOH/CH_3COO^-. La courbe bleue correspond à CH_3COOH et la courbe rouge à CH_3COO^-. Le pKa de ce couple est 4,8. C'est le pH d'intersection des deux courbes.

8 $V_{eq} = 15$ mL dans les deux cas.

Thème 2

1 A, C et D sont compatibles avec le tracé.

2 La dérivée de f a pour expression $f'(x) = (1-x)/(1+x)^3$ lorsque f est définie, c'est-à-dire partout sauf en $x = -1$. Elle est positive entre -1 et 1, négative ailleurs. Par ailleurs, $f(x) \rightarrow 0$ quand $x \rightarrow \pm\infty$, et $f(x) \rightarrow -\infty$ quand $x \rightarrow 1^+$ ou $x \rightarrow 1^-$. Enfin, $f(0) = 0$ et $f(1) = 1/4$. La fonction f décroît donc de 0 à $-\infty$ entre $-\infty$ et -1, n'est pas définie en -1, croît de $-\infty$ à $f(1) = 1/4$, son maximum, puis décroît vers 0 en $+\infty$.

3 a. $z = 61$. b. $y = z - 10\log x = 52$. c. $x = 10^{(z-y)/10} = 63$. d. $z > y$ pour $x > 1$. e. z augmente de $10\log 2 = 3{,}0$. f. x est multiplié par 10.

4 a. $z = 382$. b. $y = z^2 x = 19$. c. $x = y/z^2 = 0{,}23$.

5 a. Le spectre 2 est celui d'un son sinusoïdal : c'est le son 1. Le spectre 1 est celui d'un son non sinusoïdal : le son 2. b. Le son 1 est pur, le son 2 est complexe. c. Les pics présents dans le spectre sont les harmoniques du son.

6 a. Le niveau sonore a pour expression $L = 10\log(I/I_0)$ où I est l'intensité sonore du son et I_0 l'intensité sonore de référence ($I_0 = 10^{-12}$ W.m^{-2}). b. L'intensité sonore de ce son est $I = I_0 10^{L/10} = 6{,}3.100^{-6}$ W.m^{-2}. c. L'intensité sonore I' de l'autre instrument seul est $I' = 7{,}9.10^{-7}$ W.m^{-2}. L'intensité totale est $I_{tot} = I + I' = 7{,}1.10^{-6}$ W.m^{-2}, ce qui donne un niveau sonore $L_{tot} = 69$ dB.

7 a. $\lambda_1 = vT_1 = 0{,}68$ m b. $\lambda_2 = v/f_2 = 0{,}39$ m c. $f_3 = 1/T_3 = 3{,}33$ kHz. d. $f_4 = v/\lambda_4 = 5{,}8.10^2$ Hz.

8 Les sons audibles par l'oreille humaine ont une fréquence comprise entre 20 Hz et 20 kHz.

9 La hauteur d'un son musical est caractérisée par sa fréquence.

10 Les formes des signaux temporels de deux sons permettent de comparer leurs timbres, de même que les amplitudes des harmoniques sur leurs spectres.

Thème 3

1 a. La droite noire a pour équation $y = 0{,}84x$. La droite rose a pour équation $y = -0{,}4x + 4{,}5$.

b. L'abscisse x de leur intersection vérifie $0{,}84x = -0{,}4x + 4{,}5$, ce qui donne $x = 4{,}5/(0{,}84 + 0{,}4) = 3{,}63$. L'ordonnée de ce point d'intersection est donc $y = 0{,}84x = 3{,}05$.

2 A Vrai. B Faux. C Vrai. D Faux.

3 La loi d'Ohm s'écrit $U = RI$.

4 Ce dipôle reçoit du travail électrique qu'il convertit par transfert thermique à l'extérieur. Ce phénomène s'appelle l'effet Joule.

5 Un facteur cinétique est un paramètre physique ou chimique dont la variation a une influence sur l'évolution temporelle d'une réaction chimique. Par exemple la température, un catalyseur, etc.

6 $H_3PO_4 + H_2O \rightleftharpoons H_2PO_4^- + H_3O^+$.

7 Pas d'unité. **8** B **9** C **10** A, B et C

11 L'organisation des molécules : bien organisées pour les solides cristallisés, non organisées pour les liquides et les gaz ; et l'espacement entre les molécules : au contact pour le solide et le liquide, à distance pour les gaz.

12 C

13 R–CH(NH_2)–COOH.

14 Des forces microscopiques entre les molécules.

15 Il a quatre substituants différents.

16 B et D **17** C **18** D

Exercices de BAC

Thème 1

1 Comparaison de deux méthodes de titrage de l'ozone

La démarche

La question comporte deux parties. Il s'agit, dans un premier temps, de déterminer la concentration d'ozone lors du 26 juin 2011 par deux méthodes de titrage, puis de comparer ces deux méthodes.

Le **document 1** explique le principe sur lequel repose la première méthode de titrage et donne les résultats obtenu le 26 juin 2011. Il faudra donc traduire ces résultats d'expérience en déterminant la concentration correspondante.

Le **document 2** présente la méthode physique de titrage par spectrophotométrie. Une courbe d'étalonnage permettant d'obtenir une droite vérifie bien que nous pouvons exploiter la loi de Beer-Lambert : $A = \varepsilon \ell c$. Ce document présente également les enregistrements de concentrations d'ozone obtenus, heure par heure, pour la journée, ainsi que l'absorbance moyenne de 12 h à 20 h. On pourra donc déterminer la concentration moyenne d'ozone à l'aide de cette valeur et de la courbe d'étalonnage.

Résolution

La méthode chimique repose sur la réaction support de titrage :

$O_3 + 2\,I^- + 2\,H^+ \rightarrow O_2 + H_2O + I_2$.

L'espèce chimique I_2 est mise en évidence en présence d'amidon par une coloration bleue violette.

Un papier est imbibé du réactif titrant et de l'indicateur coloré puis exposé de 12 h à 20 h à l'air de la ville. La coloration ainsi obtenue est reportée sur l'échelle de Schönbein et donne un indice entre 1 et 10. L'indice est reporté sur un graphique en tenant compte de l'humidité de l'air. La lecture de ce graphique donne la valeur de la concentration massique moyenne de l'ozone sur la période d'exposition. Dans notre cas, on obtient un indice de 1. Le report sur le graphique en tenant compte d'une hygrométrie de 20 % donne une concentration massique moyenne $C_m = 1{,}5.10^{-7}$ g.L^{-1} = $1{,}5.10^{2}$ µg.m^{-3}.

La méthode physique repose sur le principe de la spectrophotométrie. Cette expérience est réalisée à une longueur d'onde λ = 250 nm, maximum d'absorption et a donc un coefficient d'extinction molaire $\varepsilon = 6{,}60.10^{3}$ L.mol^{-1}.cm^{-1}.

L'étalonnage du spectrophotomètre pouvant être modélisé par une droite, la relation de Beer-Lambert sera bien applicable. Pour le calcul de la concentration, il faut exploiter l'absorbance du 26 juin 2011.

• En utilisant directement le graphique, la valeur obtenue est $c = 3{,}4.10^{-9}$ mol.L^{-1} ce qui donne :
$C_m = c \times M = 3{,}4.10^{-9} \times (3 \times 16)$.
$C_m = 1{,}6.10^{-7}$ g.L^{-1} = $1{,}6.10^{2}$ µg.m^{-3}.

• Pour gagner en précision, il est préférable d'exploiter directement la loi de Beer-Lambert : $A = \varepsilon \ell c$ donc :
$c = A/(\varepsilon \ell) = 1{,}65.10^{-3}/(6{,}6.10^{3} \times 73{,}05)$.
$c = 3{,}42.10^{-9}$ mol.L^{-1} ce qui donne $C_m = 1{,}64.10^{2}$ µg.m^{-3}.

La comparaison du point de vue de la rapidité de la méthode donne un net avantage à la méthode physique. En effet, l'usage du papier ne se fait que sur de longues durées. La coloration obtenue après 8 h d'exposition à une atmosphère relativement polluée ne donne pas une coloration très intense. La méthode physique permet d'obtenir des mesures très rapprochées (comme le montre le relevé heure par heure) et permet donc d'adopter des mesures en temps réel (exemple de la réduction de vitesse sur l'autoroute lors du dépassement de seuil à 18 h).

La méthode physique est également plus précise. En effet, pour la méthode chimique, l'incertitude sur la lecture de l'indice est assez importante (environ ±0,5). La concentration se trouve entre $0{,}9.10^{-7}$ et $1{,}8.10^{-7}$ g.L^{-1}.

Pour la méthode physique, l'absorbance a une précision de $\pm 0{,}02.10^{-3}$. La concentration est comprise entre $3{,}2.10^{-9}$ et $3.6.10^{-9}$ mol.L^{-1} soit entre $1{,}54.10^{-7}$ et $1{,}73.10^{-7}$ g.L^{-1}.

L'avantage est donné à la méthode spectrophotométrique.

Un autre point de vue peut être celui de la détection limite. Avec l'hygrométrie du 26 juin 2011, la concentration limite détectable par la méthode chimique est de $C_{m(lim)} = 2.10^{-7}$ g.L^{-1} alors que la détection minimale par la méthode spectophotmétrique est de :
$c_{lim} = A_{lim}/(\varepsilon \times \ell) = 2.10^{-5}/(6{,}6.10^{3} \times 73{,}05)$.
$c_{lim} = 4{,}14.10^{-11}$ mol.L^{-1}.
Soit $C_{m(lim)} = c_{lim} \times M = 2{,}0.10^{-9}$ g.L^{-1}.

5 Pollution au plomb dans l'eau de distribution

La démarche

Le travail demandé est de reproduire et d'expliquer la démarche scientifique à partir des différents documents qui permettent de vérifier les deux recommandations faites aux propriétaires équipés de canalisations en plomb. Pour répondre correctement à cet exercice, il faudra organiser votre synthèse en deux parties correspondant aux deux recommandations.

Le **document 1** donne le mode opératoire suivi lors de la préparation de deux solutions. La solution S_F va permettre de simuler l'eau qui stagne 15 jours dans les canalisations d'eau froide en plomb et la solution S_C, celle stagnant dans es canalisations d'eau chaude en plomb.

Le **document 2** présente le titrage des ions plomb dans chaque cas. Il faudra donc analyser chacun des graphiques pour en extraire les résultats.

Résolution

Le premier conseil recommande de laisser couler l'eau le matin avant de l'utiliser à des fins alimentaires. L'hypothèse que nous pouvons en faire c'est que lorsque l'eau stagne au contact de l'eau, le plomb s'y dissous. Pour vérifier cela, il faut utiliser une solution d'eau distillée restée au contact de plomb pendant 15 jours à température ambiante, puis nous allons titrer les ions plomb de cette solution.
Le titrage est effectué par suivi conductimétrique lors de l'ajout d'une solution d'oxalate de sodium. Nous titrons toute la solution soit un volume $V_T = 500$ mL avec une solution d'oxalate de sodium d'une concentration molaire $c = 2{,}5.10^{-4}$ mol.L^{-1}.

La courbe obtenue peut se décomposer en deux portions de droite et l'équivalence se situe à l'intersection de ces deux droites.

Analyse précise d'une courbe

La conductivité ionique molaire se calcule par la relation : $\sigma = \Sigma\lambda_i[C_i]$. Avant l'équivalence, à chaque ajout d'oxalate de sodium, il y a précipitation d'oxalate de plomb selon la réaction $Pb^{2+} + C_2O_4^{2-} \rightarrow PbC_2O_4$ et libération d'ions sodium Na^+. La concentration des ions plomb diminue et celle des ions sodium apparaît. Or, les conductivités ioniques molaires montrent que l'ion plomb conduit plus que deux ions sodium. La conductivité ionique de la solution va donc diminuer.
$\sigma = \sigma_0 + \lambda_{Na+} \times [Na^+]_{apparaît} - \lambda_{Pb2+} \times [Pb^{2+}]_{disparaît}$.
$\sigma = \sigma_0 + \lambda_{Na+} \times 2 \times c/V - \lambda_{Pb2+} \times c \times V/V_T$.
$\sigma = \sigma_0 + (2 \times \lambda_{Na+} - \lambda_{Pb2+}) \times c \times V/V_T$.
Le coefficient directeur de la droite est :
$2\,\lambda_{Na+} - \lambda_{Pb2+} = -3.87.10^{-3}$. La pente est négative.

Après l'équivalence, à chaque ajout d'oxalate de sodium, il y a ajout d'ion sodium et d'ion oxalate. Il n'y a plus d'ion plomb. La conductivité ionique sera donc de la forme :
$\sigma = \sigma_0' + \lambda_{Na+} \times [Na^+]_{apparaît} + \lambda_{C2O42-} \times [C_2O_4^{2-}]_{apparaît}$
$\sigma = \sigma_0' + \lambda_{Na+} \times [Na^+]_{apparaît} + \lambda_{C2O42-} \times [C_2O_4^{2-}]_{apparaît}$
$\sigma = \sigma_0' + (2 \times \lambda_{Na+} + \lambda_{C2O42-}) \times c \times (V - V_{eq})/V_T$
Le coefficient directeur de la droite est : $(2 \times \lambda_{Na+} + \lambda_{C2O42-}) = 24{,}8.10^{-3}$. La pente est positive.

L'équivalence est obtenue à $V_{eqF} = 5{,}5$ mL.

La concentration en ion plomb dans l'eau stagnante est donc $[Pb^{2+}] = cV_{eq}/V_T = 2{,}75.10^{-6}$ mol.L^{-1}. Soit une concentration massique
$C_m = cM = 5{,}7.10^{-4}$ g.L^{-1} = $5{,}7.10^{2}$ µg.L^{-1}.

Etant donné qu'il n'y a pas de plomb dans l'eau de manière naturelle, on observe que la concentration en plomb augmente fortement lorsqu'elle reste au contact du plomb pendant une longue période.
L'hypothèse est validée.

La seconde recommandation précise qu'il est préférable d'utiliser de l'eau froide à de l'eau chaude pour faire cuire des aliments. Nous en tirons l'hypothèse que les ions plomb se solubilisent davantage dans l'eau chaude que dans l'eau froide. Pour vérifier cette hypothèse, il faut comparer la concentration des ions plomb accumulés en 15 jours dans l'eau froide, à la concentration des ions plomb accumulés en 15 jours dans de l'eau chaude. Pour simuler l'eau chaude au contact des canalisations en plomb, on introduit 500 mL d'eau distillée avec 1 g de plomb dans un récipient plongé dans un bain thermostaté à 50 °C.

Le titrage est réalisé comme précédemment. Le volume équivalent obtenu est : $V_{eqC} = 17,5$ mL. La concentration est donc : $[Pb^{2+}] = cV_{eq}/V_T = 8,75.10^{-6}$ mol.L^{-1}.

Soit une concentration massique
$C_m = cM = 1,8.10^{-3}$ g.L^{-1} = $1,8.10^3$ µg.L^{-1}.

La concentration des ions plomb après 15 jours de stagnation est trois fois plus importante dans l'eau chaude que dans l'eau froide. Notre hypothèse est bien vérifiée.

Thème 2

4 Accords joués par un piano

La démarche

Trois questions sont posées à la fois. Pour y répondre, il faut mettre en relation les documents et, ici, certaines grandeurs évoquées : la fréquence et le rapport de fréquences. Le **document 1** présente des spectres et permet donc des mesures de fréquences. Les notes peuvent être identifiées à l'aide du **document 2** (qui donne les fréquences des notes d'une gamme précise) et du **document 3** (qui définit l'octave, donc permet d'accéder aux fréquences des notes de toutes les gammes). Attention, les spectres du **document 1** étant donnés avec une graduation imprécise en abscisse, et les fréquences des notes données étant relativement proches, il faut faire une mesure précise à la règle pour trouver les fréquences et éventuellement estimer l'incertitude sur ces mesures.

Une fois les fréquences connues, il faut utiliser le **document 3** pour calculer l'intervalle et vérifier s'ils sont consonants : cela répond à la deuxième partie de la question.

La dernière partie demande de *proposer* une explication. Cela indique qu'il peut y avoir plusieurs manières de répondre à la question, mais cela ne signifie pas que la réponse doit être donnée indépendamment des documents : elle doit bien être justifiée à partir des informations présentes dans les documents et du modèle utilisé pour ce travail.

Résolution

Sur chaque spectre, il convient d'identifier les pics correspondant aux modes fondamentaux des sons joués simultanément au piano. Le pic de plus basse fréquence en est un ; on retrouve dans les spectres des pics aux fréquences multiples de celle-ci. Le deuxième pic est aussi un fondamental, puisque les harmoniques existent aux fréquences multiples. On mesure à la règle les positions de ces pics fondamentaux, qui donnent, à l'aide de l'échelle, les fréquences des deux notes jouées simultanément.

Spectre 1 : les pics sont à $2,2.10^2$ Hz et $2,6.10^2$ Hz.

Spectre 2 : les pics sont à $1,8.10^2$ Hz et $2,6.10^2$ Hz.

La note la plus aiguë à $2,6.10^2$ Hz des deux spectres est le do_3, de fréquence proche de 262 Hz.

Les deux autres notes ne figurent pas dans la troisième gamme puisque leurs fréquences sont inférieures à celle du do_3. Les fréquences des notes de la gamme 2 s'obtiennent en divisant celles des notes de la gamme 3 par deux, puisqu'une octave les sépare. Ces fréquences sont :

Note	*do*	*ré*	*mi*	*fa*	*sol*	*la*	*si*
Fréquence (Hz)	131	147	165	175	196	220	247

La deuxième note du **spectre 1** est donc le la_2 et la deuxième note du **spectre 2** est le fa_2.

L'intervalle entre les deux notes du **spectre 1** est 262/220 = 1,19. Entre les deux notes du **spectre 2**, il vaut 262/175 = 1,50. Cet intervalle correspond à une quinte, considérée comme consonante. C'est donc le **spectre 2** qui est le plus agréable à l'oreille.

Sur le spectre 1 se trouvent les harmoniques de chaque fondamental : les harmoniques 2 à 5 pour le la_2, les harmoniques 2 à 4 pour le do_3. Aucun de ces pics ne coïncide.

Sur le **spectre 2** se trouvent les harmoniques 2 à 5 du do_3 et les harmoniques 2 à 8 du fa_2. On constate que du fait de l'intervalle de 3/2 entre ces deux notes, certains de leurs harmoniques sont confondus : l'harmonique 3 du fa_2 est le même pic que l'harmonique 2 du do_3, l'harmonique 6 du fa_2 et l'harmonique 4 du do_3 également, etc. Le fait que dans les spectres de ces deux notes se retrouvent des harmoniques en commun produit une impression agréable à l'oreille.

9 Synthèse vocale

La démarche

L'énoncé invite d'une part à utiliser les documents, d'autre part à explorer plusieurs pistes de réponse. Il faut d'abord extraire les informations des documents, puis les exploiter de manière à répondre aux questions posées.

Le **document 1** indique que la synthèse vocale décompose la voix en phonèmes dont les spectres peuvent être produits. La difficulté de la synthèse vocale réside donc dans la reproduction fidèle des sons vocaux à l'aide de ces spectres.

Le **document 2** décrit l'appareil phonatoire humain : cordes vocales, mais aussi différentes cavités qui en font partie intégrante. Ceci conduit, comme le suggère l'énoncé, à évoquer les différences entre de simples cordes tendues et l'appareil phonatoire humain.

Le **document 3** montre deux spectres d'une même lettre chantée par deux chanteurs. Non seulement il permet une comparaison entre ces spectres (la répartition des pics n'est pas du tout la même), mais il donne une indication sur un spectre de voix par comparaison avec le spectre, connu, d'un son produit par une corde vibrante.

Enfin, le sonogramme du **document 4** montre non seulement que les spectres des sons qu'il faut jouer pour produire des voyelles sont complexes, mais en plus qu'ils varient au cours du temps.

Toutes ces informations conduisent à produire un texte abordant successivement les pistes proposées par l'énoncé :
• différence spectrale entre un son vocal et le son produit par une corde vibrante, et raisons physiologiques de ces différences ;
• aspect temporel et complexité qui en résulte.

Résolution

La synthèse de la voix humaine passe, au stade final de son traitement, par la production de sons dont les spectres sont similaires à la voix humaine. Or, ces spectres sont plus complexes que ceux des sons produits par une corde vibrante, par exemple : les différents pics ne sont pas espacés régulièrement. La différence provient des différentes cavités résonantes de l'appareil phonatoire humain, qui participent à la production du son en plus des cordes vocales. Ainsi, le spectre d'un même son vocal est différent selon la personne qui le prononce, ce qui rend sa production complexe.

Thème 3

6 Les câbles supraconducteurs

La démarche

Cinq documents sont fournis. Il faut chercher à les comprendre et à en extraire l'essentiel avant de chercher à établir le plan de la réponse. Cela permet de savoir comment les utiliser dans l'argumentation.

Le **document 1** regroupe des données sur les câbles classiques. Comme le sujet traité est l'utilisation des câbles supraconducteurs, ce document permet une comparaison entre les deux types de câbles à l'aide de données numériques.

Le **document 2** regroupe des données numériques et des explications sur le principe de fonctionnement du câble supraconducteur. Il soulève certains problèmes (le refroidissement et le coût) et certains avantages par rapport aux câbles classiques.

Le **document 3** sert ici à définir un supraconducteur. Il n'est pas utile à qui sait déjà ce que c'est, mais permet aux autres de définir la température critique (dont il est question dans les **documents 2** et **4**) et rappelle que la résistance du supraconducteur est nulle en dessous de cette température.

Le **document 4** présente les innovations en matière de supraconducteurs, montrant à quel point la question de la température critique est centrale dans la problématique.

Le **document 5** est un schéma de principe d'un câble supraconducteur, sur lequel est montré le refroidissement par azote liquide du câble.

Ces documents permettent d'exhiber les différentes étapes qui sont attendues dans l'argumentation finale :
- les limitations des câbles classiques ;
- les avantages des supraconducteurs vis-à-vis de ces limitations ;
- les inconvénients des supraconducteurs et les progrès réalisés ou à réaliser pour les pallier.

Résolution

Le transport de l'électricité s'effectue aujourd'hui majoritairement à l'aide de câbles classiques en cuivre ou aluminium. Ces câbles présentent une résistance électrique faible mais non nulle, ce qui conduit à une dissipation par effet Joule. Cela conduit à la limitation de l'intensité du courant qui y circule, de manière à éviter que le fil ne fonde. Pour que la puissance transportée soit suffisante, il en résulte que la tension fournie doit être très élevée.

Les câbles supraconducteurs ne présentent pas ces limitations, puisque leur résistance est nulle si leur température est maintenue au-dessous de la température critique du matériau supraconducteur. Comme l'effet Joule n'y existe pas, il n'y a pas de risque de fonte du câble, donc l'intensité du courant peut être aussi élevée que nécessaire. La puissance véhiculée peut donc être bien plus élevée qu'avec un câble classique : 150 fois plus, indique le **document 2**.

Le principal inconvénient du câble supraconducteur est la nécessité de le refroidir au-dessous de la température critique du matériau supraconducteur, faute de quoi le matériau redevient conducteur, avec une résistance. Le refroidissement est obtenu par l'azote liquide, dont la température d'ébullition est voisine de 70 K, donc proche de – 200 °C. Ceci n'est possible que depuis la fin des années 1980, où des supraconducteurs de températures critiques supérieures à la température d'ébullition du diazote ont été produits. Cela nécessite des câbles étanches dans lequel circule l'azote liquide, ce qui rend le coût de production du câble plus élevé. Cela nécessite également de produire du diazote liquide, ce qui consomme de l'énergie.

Néanmoins, le gain en puissance transportée est tel que les surcoûts de production sont nettement compensés. Voilà pourquoi les recherches en supraconducteurs sont vives.

Index

Table des illustrations

6-7 ph © Dougal Waters / The Image Bank / Getty Images
9 ph © Monteath Colin / Hedgehog House / Gamma-Rapho
10 ph © Nasa / Novapix
12 ph © Suzi Eszterhas / Biosphoto
15 ph © Sylvain Clapot
17 ph © M. Wisshak / Age Fotostock
18 ph © Grimault / Andia
21 ph © Thomas Vignaud / CNRS Photothèque
22-b ph © Frédéric Hanoteau
22-h ph © Studio / Age Fotostock
24 ph © Frédéric Hanoteau
25 ph © Rolland Quadrini / KR Images
26 ph © Sinclair Stammers / SPL / Cosmos
28 ph © Julia Hiebaum / Age Fotostock
31 ph © CEA
32 ph © Frédéric Hanoteau
34 ph © Bernd Settnik/DPA/Maxppp
40 ph © Jean Heintz/hemis.fr
44 ph © Miguel Pinheiro / fotolia.com
45 ph © Dusk / fotolia.com
46 bd ph © Frédéric Hanoteau
46 hg ph © Reinhard Dirscherl / Biosphoto
48-49 ph © Craig Lovell / Corbis
51 ph © Claude Gassian
52 ph © Alain Hanel/CDDS Enguerand
53-2 ph © frédéric Hanoteau
53-3 d ph © Andy Sacks/Getty Images
53-3 g ph © ZoonarA Rigamonti/Age Fotostock
56 ph © Corbis/Age Fotostock
57 ph © Zoonar Teamarbeit/Age Fotostock
58 ph © Plainpicture
59 ph © ohmwork
61 ph © Christine Ferreira/Photo12
63 ph © Costa/Leemage
65 ph © The Bridgeman Art Library
66 ph © Numark
69 ph © Chris Hutchinson/Getty Images
70 ph © Inti St Clair/Blend Images/Corbis
72-5 d ph © Anne Guillaume/INSERM
72-5 g ph © Anne Guillaume/INSERM
73 © SCV audio
74-4 ph © Frédéric Hanoteau
74-5 ph © Frédéric Hanoteau
77 ph © Patrice Latron/CNRS Photothèque
79 ph © Artedia/Leemage
80 ph © H. & D. Zielske/Look/Photononstop
81 ph © Jérôme chatin/Expansion-Rea
82 ph © Frédéric Hanoteau
83 ph © Mario Fourmy/Rea
85 ph © Plainpicture
86 ph © Pixelmania / fotolia.com
93 ph © Dmitry Vereshchagin / fotolia.com
95 ph © Michael Nivelet / fotolia.com
96 ph © Frédéric Boutard / fotolia.com
99 d ph © Squared Studios / Getty Images
99 g ph © Shyshka / fotolia.com
101 © Topakustik France
102-103 ph © Tyler Stableford / Getty Images
105 ph © Hans Silvester / Gamma-Rapho
106 ph © Toony / Wikimedia Commons
108 ph © 123RF
109 ph © Brosen / Wikimedia Commons
110 Coll. Jean Vigne/ Kharbine-Tapabor
111 ph © Andrew Testa / Panos-Rea
113 ph © Corbis
114 ph © Kyodo/Maxppp
115 ph © Nicolas Tavernier/Rea
116 © Casio
118 ph © Pedro Salaverr/Age Fotostock
120 ph © Corbis
122 ph © Artedia/Leemage
124 © Jérome Dechamplain/ www.molecule-r.com
126 © Strasonic
127 ph © Joanna Berzowska, XS Labs / Karma Chameleon
128 b ph © Gregory F. Maxwell / Wikimedia Commons
128 hg ph © A. de Gregorio / De Agostini Picture Library / Getty Images
128 hm Cyril Frésillon / CNRS Photothèque
132 ph © Michèle Borzoni / The New York Times-Redux-Rea
133 © Final Matériaux Avancés
134-133 ph © Dung Vo Trung / LookatSciences
134 h Richard Gomez / Masterfile
136 h © LumiGram SARL
136 b © Karma Chameleon
137 © ARCES, University of Bologna. Bologna, Italy
140 ph © Istock photos
141 ph © Michael Cohen / fotolia.com
142 ph © Chris Leachman / fotolia.com
143 ph © Anistidesign / fotolia.com
144 ph © Photo Josse / Leemage
150 ph © Frédéric Hanoteau

Remerciements : les auteurs et les Éditions Hatier remercient la direction de l'École normale supérieure de Lyon ainsi que le service technique du département des Sciences de la Matière pour leur accueil et aimable collaboration.
Les Éditions Hatier remercient la société Jeulin qui a aimablement fourni le matériel photographié.

Achevé d'imprimer en France par Loire Offset Titoulet
Dépôt légal : 95399-6/01 - Avril 2012

Tableau des indicateurs colorés

Indicateur coloré	Zone de virage			Indicateur coloré	Zone de virage		
Jaune de méthyle	rouge	2,9–4,0	jaune	Rouge neutre	rouge	6,8–8,0	jaune orangé
Bleu de bromophéno	jaune	3,0–4,6	violet	Phénolphtaléine	incolore	8,2–10,0	rose
Méthyl orange (Hélianthine)	rouge	3,1–4,4	jaune	Thymolphtaléine	incolore	9,4–10,6	bleu
Rouge de méthyle	rouge	4,8–6,0	jaune	Jaune d'alizarine R	jaune	10,1–12,0	orange rouge
Bleu de bromothymol (BBT)	jaune	6,0–7,6	bleu	Jaune de Clayton	jaune	12,2–13,2	ambre

Sécurité au laboratoire

Principaux pictogrammes de danger
Règlement de la Communauté européenne n°1272/2008 du 16 décembre 2008

	Gaz, liquide ou solide inflammable, ou qui donne un gaz inflammable au contact de l'eau.		Sensibilisation respiratoire, mutagène, cancérogène, toxique pour la reproduction, toxicité aiguë ou sur le long terme.
	Substance ou mélange corrosif, ou provoquant des lésions oculaires graves.		Toxicité aiguë maximale.
	Toxicité aiguë, légère ou spécifique d'un organe particulier, irritation, lésion oculaire.		Toxicité aiguë sur le long terme pour le milieu aquatique.

Réglage des paramètres d'acquisition d'un système d'acquisition informatisé

❶ Sélectionner les voies d'entrée analogique qui seront enregistrées.
❷ Régler la durée totale d'acquisition en fonction de la durée supposée des variations de tension qu'il faut enregistrer.
❸ Déterminer le nombre de points de mesure grâce à la période d'échantillonnage souhaitée.
(Pour un signal périodique, la période d'échantillonnage doit être au maximum égale au dixième de la période du signal si l'on veut le visualiser correctement.)
❹ Ajuster si possible la plage d'entrée (ou calibre) au plus près des valeurs mesurées pour avoir la meilleure résolution en ordonnée.
❺ La synchronisation de l'acquisition est nécessaire lorsque le phénomène à enregistrer ne se reproduit qu'une fois (phénomène transitoire). Elle permet que la date t = 0 soit déterminée par les variations d'une tension. Pour un phénomène périodique, il n'y en a pas besoin.